U0904731

烟台市区习见鸟类原色图谱

孙虎山　王宜艳　等 编著

山东大学出版社

《烟台市区习见鸟类原色图谱》
编　委　会

前言

烟台，地处山东半岛中部，位于北纬 37°这个被史学家、地理学家奉为“神奇的纬度”线上，拥有 230 个近海岛屿、7 个天然海湾、1038 km 的黄金海岸线。天空湛蓝，白云悠悠，碧波荡漾，海鸥翔集，山海相依，空气清新，秦皇到这里祈求长生，八仙从这里漂洋过海，纯净、美丽、温暖、浪漫、神奇，仙道胜景，令人神往。“仙境海岸，鲜美烟台”高度浓缩了烟台市的城市特征。联合国人居奖城市、国际葡萄与葡萄酒城、最佳中国魅力城市、国家历史文化名城、全国文明城市、中国优秀旅游城市、中国食品名城、鲁菜之都、水果之乡等闪亮的城市名片，折射出烟台特有的城市之美和生活之美，从而使烟台成为享誉海内外的旅游度假胜地。

位于烟台市区的月亮湾、夹河口、辛安河口、芝罘岛、崆峒岛和养马岛等海滨潮间带，底质环境多样，有典型的岩礁岸、沙岸、泥沙岸及河口，动物种类丰富，尤其是无脊椎动物种类多且门类齐全，一直以来都是动物学实习教学的理想场所，每年全国都有多所高等院校生物学相关专业的师生来此进行动物学教学实习。鲁东大学动物学课程组教师编著的《烟台海滨习见无脊椎动物原色图谱》，对鉴定在烟台实习采集到的海洋无脊椎动物发挥了很好的作用，深受广大师生的欢迎。烟台丰富多样的滨海湿地不仅是海洋生物重要的栖息繁殖地，也是我国三大鸟类迁徙通道之一“东亚—澳大利西亚”迁飞路线上的重要停歇地和中转站。烟台以其独特的地理位置和气候条件，每年吸引大量候鸟入境，鸟类资源比较丰富。动物学实习过程中时常看到的鸟类的分类鉴定促使我们编著了此书，以期作为动物学实习中鸟类实习指导用书，也可作为观鸟爱好者们在烟台观鸟和鉴定鸟类时的参考工具书。

本书是我们在近三年实地调查和照片拍摄记录的基础上，对烟台市市区鸟类的分布进行了系统整理，筛选出268种比较常见的鸟类编著成册。按照郑光美(2017)主编的《中国鸟类分类与分布名录》(第三版)的最新分类体系排列。同时，为便于鸟类实习时选择实习地点及观鸟爱好者选择观鸟点，本书简要介绍了烟台市的区域环境状况及行政区划、烟台市区的自然概况及主要鸟类观测点和烟台市鸟类资源研究及保护概况。

本书的出版得到了生态环境部生物多样性保护专项、鲁东大学生物科学山东省教育服务新旧动能转换专业对接产业项目和山东省高校海洋生物技术重点实验室重点建设经费的资助，在此表示衷心感谢！

由于编著者水平所限，加之开展鸟类观测时间较短，时间仓促，书中缺漏之处在所难免，欢迎有关专家、同仁和读者批评指正。

编著者

2018年11月

目录

第一章 概 述

第二章　烟台市区习见鸟类

目 录

第一章　概　述

一、烟台市的区域环境状况及行政区划

烟台市地处山东半岛东部，既濒临黄海又濒临渤海，与辽东半岛及日本、韩国、朝鲜隔海相望。地形为低山丘陵区，山丘起伏和缓，沟壑纵横交错。境内海拔 500 m 以上的山脉主要有艾山、罗山、牙山、昆嵛山、招虎山等，最高峰为昆嵛山，海拔 922.8 m。境内河流众多，其中五龙河、大沽河、大沽夹河、辛安河等 8 条河流流域面积在 300 km^2 以上。拥有芝罘湾等天然海湾多个，海岸地貌主要有岩岸和砂岸两种。海岸线长，其中大陆岸总长约 700 km，全市岛屿海岸线长 206 km。近海岛屿有 230 个，面积较大的有芝罘岛、南长山岛和养马岛。

烟台属于暖温带大陆性季风气候，四季分明，雨水适中，空气湿润，气候温和。全市年平均降水量为 722.2 mm，年平均气温 13.0℃，日照时数 2611.6 小时，无霜期 282 天。境内植被属暖温带落叶阔叶林区的胶东丘陵栽培植被赤松麻栎林分区，由于水和温度条件良好，本区域的植被类型和植物资源都比暖温带落叶林区的其他处丰富和繁茂。烟台市优越的地理环境和气候条件，使其成为我国北方重要的港口城市和旅游度假胜地，也成了鸟类迁徙途中南、北迁徙的重要通道和优良的中途停歇地。

烟台市行政区划分为 4 区（芝罘区、福山区、莱山区、牟平区）、1 县、7 个县级市和国家级经济技术开发区、高新技术产业开发区、保税港区及昆嵛山保护区。全市总面积为 13746.5 km^2，其中市区面积 2722.3 km^2。全市户籍人口有 650.29 万人，其中市区人口 180.27 万人。

二、烟台市区的自然概况及主要鸟类观测点

烟台市区位于烟台市的东北部，北临黄海，东西狭长，由西向东依次为福山

区(包括国家级经济技术开发区)、芝罘区(包括保税港区)、莱山区(包括高新技术产业开发区)和牟平区(包括昆嵛山保护区)。

(一)福山区

1. 自然概况

福山区(包括国家级经济技术开发区)东以大沽夹河为界与芝罘区和莱山区隔河相望,西与蓬莱市大柳行镇相接,南与栖霞市相连,北临黄海。地势南高北低。境内河流属半岛边沿水系,主要河流有:内夹河、外夹河和黄金河。内夹河中下游建有门楼水库。门楼水库(又称"银湖")是烟台市重要的水源地。2009 年,山东省政府即批准成立"烟台福山银湖省级湿地自然保护区"。该保护区以门楼水库为核心区,保护区总面积为 6043 hm^2,主要保护对象为湿地生态系统、森林生态系统和珍稀濒危鸟类。沿海滩涂底质主要为砂岸,拥有八角湾和套子湾两个天然海湾。

夹河和银湖 夹河是烟台的母亲河,由"内夹河"和"外夹河"两条河流组成。内、外夹河汇合于福山城区的东北部,在芝罘岛西南方向与芝罘区的交界处入黄海。内夹河又称"清洋河"。该河发源于栖霞大灵山和郭落山,在栖霞境内又称"白洋河",入福山境后流入银湖,出银湖后,向东北流,至福山城东北与外夹河汇合。全长 65 km,流域面积 1176 km^2。福山境内长 27 km,河床最宽约 200 m。中下游建有的银湖系防洪、蓄水、灌溉等综合作用的大型水库。外夹河,又名"大沽夹河"。大沽夹河有两个源头,一为海阳郭城镇三海山,二为栖霞境内牙山,于栖霞桃村镇汇合,自南向北流经海阳市、栖霞市、牟平区、莱山区、芝罘区、福山区,全长 75 km,福山境内长 43 km。夹河河道中主要有芦苇丛等植被,无水的区域还有裸露的沙砾滩;两岸主要植被有针阔叶混交林、落叶阔叶林、农田、果园,城区的汇合段也与居民区毗邻。银湖周边的生境类型主要有针阔叶混交林、果园、农田、芦苇丛和居民区。

黄金河 黄金河发源于蓬莱市大柳行镇,主要流经开发区,在八角湾与套子湾之间汇入黄海。近年来,在对黄金河进行的生态修复工程中,充分利用原始地貌、水系资源,规划建设了多功能草坪、河漫滩等景点,通过大量种植芦苇、花菖蒲等水生植物,塑造了自然岸线,构建了生态型滨水景观带。

八角湾和套子湾 八角口位于福山区西北部,西依建有阴主庙的磁山,东与建有阳主庙的芝罘岛隔海相望。八角湾水域宽阔,是一处天然深水良港,潮间带主要为岩礁地质,潮下带主要为泥沙石底质,宜贝、藻、参类生长。八角湾东临黄海套子湾。套子湾潮间带和潮下带多为泥沙底质,退潮后滩涂较广阔。

2. 主要观鸟点及鸟类分布特点

福山区(包括国家级经济技术开发区)的主要观鸟点包括银湖湿地及其周边的低山;外夹河的老岚村段、回里镇段、莱山段、芝罘段等湿地;内夹河的近门楼水库段、福山城区段等湿地;内外夹河汇合段湿地及夹河生态园;黄金河湿地;夹河入海口滨海湿地;八角湾和套子湾滨海湿地。

该区域因既有发达的淡水水系及宽阔的河流入海口,又有较丰富的低山林地、果园和面积较大的居民区及部分城市公园等多种生境类型,鸟类资源较丰富。鸟类群落组成中的主要类群为水鸟和雀形目鸟类。鸟类群落组成的季节性变化特征明显。冬季以鸭科、鸥科、鹬科、秧鸡科、鸊鷉科、鸠鸽科、隼科、雉科、鸦科、鹀科、鸫科、鹡科、雀科、燕雀科、鸦雀科、椋鸟科、伯劳科等为常见类群;夏季以鹭科、秧鸡科、鸥科、鸭科、鸊鷉科、鸻科、鸠鸽科、雉科、隼科、杜鹃科、翠鸟科、戴胜科、鸦科、燕科、鹡鸰科、鹎科、苇莺科、鹀科、雀科、椋鸟科、鸦雀科、黄鹂科、山雀科、伯劳科、绣眼鸟科等最为常见。春秋季的鸟类群落组成最为丰富,许多鸻鹬类及雀形目鸟类迁徙途经该区域,除上述的科外,还有燕鸥科、柳莺科、鹟科、山椒鸟科、卷尾科、戴菊科等为常见。

该区域的受胁和受重点保护的物种主要有东方白鹳(*Ciconia boyciana*)、白琵鹭(*Platalea leucorodia*)、大天鹅(*Cygnus cygnus*)、大杓鹬(*Numenius madagascariensis*)、红隼(*Falco tinnunculus*)、游隼(*Falco peregrinus*)、纵纹腹小鸮(*Athene noctua*)和黄胸鹀(*Emberiza aureola*)等。

(二)芝罘区

1. 自然概况

芝罘区(包括保税港区)地处市辖区的中心,西与福山区(包括经济技术开发区)相接,东及东南与莱山区相邻。全区面积 179 km²,海岸线长 55 km。境内属低山丘陵区,呈现低山、丘陵、准平原、平原和海岸等多种地貌类型。市区三面环山、一面临海。整个地形中部高,四周低,呈辐射流向。境内主要山脉横亘于市区中部,东部起自境内最高峰的岱王山(又名“大王山”,海拔 401m),向西依次为塔山及其附近群山、南山公园及其附近群山、鲁东大学附近群山。市区陆地北端的芝罘岛为全国最大、世界最典型的“陆连岛”。北部沿海地带属山地港湾型海岸,岸线曲折,形成“U”形的芝罘湾。该湾北起芝罘岛东南角,南至东炮台山,岸线长 21 km。环绕芝罘湾的芝罘岛、烟台山、崆峒岛及东炮台等都是市区的著名旅游风景区。北部海域面积在 500 m² 以上的岛屿有 16 个,主要为崆峒列岛等岛屿。

芝罘岛 芝罘岛位于芝罘区西北部，北临黄海，东濒芝罘湾，西接套子湾，南以一道长7.5 km、宽0.44 km的连岛沙坝与市区相连。东西长 9.2 km，南北宽 1.5 km，面积约 10 km^2，岛上最高峰海拔 294 m。该岛为基岩岛。北岸为峭壁悬崖，悬崖高达 70 m。因环海造成各种地貌，拥有海积平原，连岛沙坝等。岛上低山较多，动植物资源丰富。

鲁东大学附近群山 鲁东大学被其北侧、西侧及南侧的群山环抱，附近的山峰由南向北依次有桌山、金夼顶、马蹄口、蓁山、黄金顶、乳子山、鲁大北山和娄子山等。该地区群山连绵起伏不断，海拔较为缓和，山峰较低。山上植物资源丰富，主要植被类型为针阔叶混交林和落叶阔叶林，拥有较少的果园，山体及植被均保护良好。

南山公园及其附近群山 南山公园位于芝罘区环山路中海拔 100 余米高的山腰，是芝罘区著名的游览公园，有虎岩潭、游乐园、动物园等旅游区。该地区人流量较大。南山公园植被众多，拥有著名的森林区，森林区有植物近 3 万株，各类草坪 9000 m^2，有着绚丽多姿的森林景观和丰富的野生植物资源。另外，南山公园附近还拥有小黄山等多个小型山脉，低山较多，多以针阔叶混交林为主。

塔山及其附近群山 塔山风景区是国家著名的 AAAA 级风景区，位于芝罘区的中心，东携岱山，西牵南山，塔山峰高 397 m，占地面积为 1.33 km^2。该地区山脉连绵，森林资源丰富，主要植被类型为针阔叶混交林。由于是风景区，该地区的人流量较大。

崆峒岛及其附近群岛 崆峒岛位于芝罘区东北部海域，距离海岸线 9.5 km，是距离市区最近的海岛，也是芝罘区第一大海岛。崆峒列岛由主岛崆峒岛以及周围的扁担岛、马岛、加岛、豆卵岛、地留星、头孤岛、二孤岛、三孤岛等十几处小岛和礁群组成。列岛陆地总面积为 1.58 km^2，主岛崆峒岛面积约 0.99 km^2。崆峒列岛岛上面积虽不大，但崆峒岛及其周边小岛众多，因此其岛岸线长达约 23 km，海区面积 46 km^2。崆峒列岛群岛错落有致，形状各异。主岛树木较茂密，植物资源较丰富。陆生动物中常见的主要的类群为昆虫和鸟类。潮间带和潮下带拥有丰富的岩礁、沙砾滩和泥沙滩等多种底质环境，底栖海洋动物栖息场所丰富多样，岛屿周边海水的潮流较弱，海水中营养盐含量丰富，海面光照充足，浮游植物种类多、生物量大，海水饵料生物充足。因此，崆峒岛及其周边底栖以及水中浮游和游泳海洋动物的种类和数量都很丰富，其中许多种类都有重要的经济价值。另外，崆峒岛群岛中还有一个蛇岛，岛上蝮蛇遍布，动物资源丰富。

2. 主要观鸟点及鸟类分布特点

芝罘区的主要观鸟点包括芝罘岛、鲁东大学附近群山、南山公园及附近群

山、塔山及附近群山、崆峒岛及附近岛屿。

该区域居住人口多，城区贯穿于山海之间，生境类型包括以针阔叶混交林为主要植被类型的低山丘陵、城市或城郊居民区、城市公园、海岛、港湾等。鸟类群落组成中的主要类群为雀形目、隼形目和鸻形目的鸥科鸟类，鸟类群落组成的季节性变化特征也较明显。冬季以鸥科、鹡鸰科、鸠鸽科、鹰科、隼科、雉科、雀科、鸦科、鹀科、鸫科、鹎科、燕雀科、鸦雀科、椋鸟科、伯劳科等为常见类群；夏季以鸥科、鹡鸰科、鸠鸽科、雉科、隼科、鹰科、杜鹃科、翠鸟科、戴胜科、鸦科、燕科、鹟鸲科、鹎科、鹀科、雀科、椋鸟科、鸦雀科、黄鹂科、山雀科、伯劳科、绣眼鸟科等最为常见。春秋季的鸟类群落组成最为丰富，许多雀形目、鹰形目和隼形目的鸟类迁徙途经该区域，除上述的科外，还有柳莺科、鹟科、山椒鸟科、卷尾科、戴菊科等为常见。

该区域的受胁及受重点保护物种主要是鹰形目和隼形目的种类，包括凤头蜂鹰（*Pernis ptilorhynchus*）、松雀鹰（*Accipiter virgatus*）、雀鹰（*Accipiter nisus*）、苍鹰（*Accipiter gentilis*）、灰脸𫛭鹰（*Butastur indicus*）、大𫛭（*Buteo hemilasius*）、普通𫛭（*Buteo japonicus*）、红隼（*Falco tinnunculus*）、红脚隼（*Falco amurensis*）、燕隼（*Falco subbuteo*）、猎隼（*Falco cherrug*）和游隼（*Falco peregrinus*）等，在芝罘岛、鲁东大学附近群山、南山公园及塔山周边群山等处常可见到。

（三）莱山区

1. 自然概况

莱山区（包括高新技术开发区）北、西与芝罘区毗连，南靠牟平区，总面积约为258 km²，南北最大跨度 25.5 km，东西最大跨度 20.5 km，成不规则菱形状。区境域内地势东南高，北部低，南部多山地、丘陵，北部多平原、海滩。主要山脉有凤凰山、岱王山、围子山、朱雀山及其附近山脉等。其中围子山为省级自然保护区，主要保护对象为森林生态系统和野生动物。区内拥有庙后水库和凤凰山湖两座小型水库。主要河流有辛安河和逛荡河。北部沿海以四十里湾与北黄海相连，该湾西北与芝罘湾相接，东邻养马岛，湾岸线长约 20 km，沿岸为狭长的以针叶林为主的沿海防风林带，逛荡河及辛安河均在该湾入海。

围子山省级自然保护区 该保护区位于莱山区东南部的解甲庄办事处，由辛安河以东围子山系和辛安河以南金马山系两部分组成。这两个山系为山东半岛较大的山系，包括围子山、大香山、垛山、金马山等多个山峰，区域涉及大山后村、南北水村、朱柳村、车家村、繁荣庄村、孔辛头村等 9 个村庄。其中环辛安河东南方向的垛山山系是保护区的核心区和缓冲区，其余部分一般为保护区的实验区。蜿蜒曲折的辛安河环绕在保护区的西侧和北侧，流向逐渐由南北转向东

北。区内地形变化复杂，奇峰异崮星罗棋布，形成了山脉连绵、沟谷交错、层峦叠嶂的自然地貌。植物资源十分丰富，有楸树、赤松等树种 785 种，还有部分农田和果园。该区主要保护对象为森林生态系统以及各种野生动物资源。

岱王山　岱王山位于莱山区与芝罘区的交界处，与黑夼山相连，北连黄海，南连群山，海拔较高，为 401.7 m，山腰多乱石，上缓下险，山路崎岖。山上植物资源丰富，树丛较多，针阔叶混交林为主要植被类型，人迹较为稀少。在政府的支持下，生态修复良好。

凤凰山　凤凰山位于莱山区中心城区的北侧，大南山景区东部，海拔高度为 199.3 m。山上建有凤凰山公园，绿化良好，主要植被类型为针阔叶混交林，主要树种有黑松、大叶女贞、龙柏、柿树、连翘、樱花等。山脚下拥有凤凰山湖。周围经济较为发达。

逛荡河及其入海口滨海湿地　逛荡河起源于凤凰山，是莱山区的一条外流河，流经庙后水库、凤凰山湖，跨莱山区商务中心港城东大街、迎春大街和烟台重点景观大道观海路、滨海路，最终在四十里湾注入黄海，全长 10.1 km。逛荡河公园西起凤凰东路桥，东至观海路桥，河长约 5 km，流经初家街道办事处、滨海街道办事处的午台、孙家滩等 9 个行政村，面积约 51.66 万平方米，绿化面积约 30.22 万平方米。逛荡河进行过多次生态恢复，河流域附近绿化良好，两岸主要的植被类型为针阔叶混交林和农田果园。逛荡河口区域沙滩、湿地等生态类型多样，是一处条件优越的旅游海域，是多种海洋生物良好的栖息地，也是烟台最洁净的海域之一。河口附近自然属性改变较小，水流畅通，海域水质肥沃，海洋功能完善，自然条件优越，滩涂资源种类繁多，是多种海洋生物良好的栖息地。

辛安河及其入海口　辛安河发源于牟平区的高陵水库，向东北流，逐渐转向北流，曲折流行在山谷中，在范家疃附近进入滨海平原区，又折向东北流，也在四十里湾处注入北黄海。河总长 42.5 km，流域面积为 313.8 km^2，河流速度平缓。河道及其两侧生境类型较为多样，具有芦苇丛、沼泽、人工池塘等多种生境。辛安河多处河段建有辛安河湿地公园，公园河岸有较宽阔的绿化林地，树种类型多样，构成了良好的生态型湿地景观带。辛安河河口位于辛安河大桥的北部，其生境类型属于浅滩滩涂地带，浅滩滩涂面积广阔，泥潭柔软，地势平坦，潮汐定期涨落，潮间带分布着大量的底栖生物，也是水鸟的良好栖息地。

2. 主要观鸟点及鸟类分布特点

莱山区的主要观鸟地点包括围子山省级自然保护区、岱王山、凤凰山、庙后水库、辛安河繁荣庄段、辛安河公园、辛安河口和逛荡河入海口等。

该区域拥有森林覆盖度高的发达山系，还拥有城市公园、农田、果园和村庄

等多种生境，并且具有发达的淡水水系和自然属性较高的滨海湿地，因此，鸟类多样性程度高，鸟类资源十分丰富。该区域鸟类群落组成中的主要类群为雁行目、鸻形目、雀形目、鹰形目和隼形目。鸟类群落组成的季节性变化特征明显。冬季以鸭科、鸥科、鹬科、秧鸡科、鸊鷉科、鸠鸽科、隼科、鹰科、雉科、鸦科、鸫科、鹀科、鹎科、雀科、燕雀科、鸦雀科、椋鸟科、伯劳科等为常见类群；夏季以鹭科、秧鸡科、鸥科、鸭科、鸊鷉科、鸻科、鸠鸽科、雉科、鹰科、隼科、杜鹃科、翠鸟科、戴胜科、鸦科、燕科、鹡鸰科、鹎科、苇莺科、鸫科、雀科、椋鸟科、鸦雀科、黄鹂科、山雀科、伯劳科、绣眼鸟科等最为常见。春秋季的鸟类群落组成最为丰富，许多鸻鹬类、鹰形目、隼形目和雀形目鸟类迁徙途经该区域，除上述的科外，还有柳莺科、鹟科、山椒鸟科、卷尾科等为常见。

该区的受胁和受重点保护的物种主要有大天鹅(*Cygnus cygnus*)、大杓鹬(*Numenius madagascariensis*)、黄嘴白鹭(*Egretta eulophotes*)、凤头蜂鹰(*Pernis ptilorhynchus*)、松雀鹰(*Accipiter virgatus*)、雀鹰(*Accipiter nisus*)、苍鹰(*Accipiter gentilis*)、灰脸鵟鹰(*Butastur indicus*)、大鵟(*Buteo hemilasius*)、普通鵟(*Buteo japonicus*)、红隼(*Falco tinnunculus*)、红脚隼(*Falco amurensis*)、燕隼(*Falco subbuteo*)、猎隼(*Falco cherrug*)和游隼(*Falco peregrinus*)等。

(四)牟平区

1. 自然概况

牟平区(包括昆嵛山保护区)位于市区的东部，西邻莱山区，北临黄海，著名的旅游风景区养马岛横卧于黄海之中，全区总面积约为 1500 km^2。地势中部高、南北低，呈屋脊状。其地势中部最高处为昆嵛山山脉，山脉及其周边南北河流众多，主要包括鱼鸟河、沁水河、汉河和广河等河流，还拥有桃园水库、高陵水库和龙泉水库等多个水库。

养马岛及葡醍湾 养马岛位于市区北部的黄海中，呈东北西南走向，南端以养马岛大桥与大陆相连，岛陆面积为 13.52 km^2，为国家 AAAA 级旅游风景区。岛上森林覆盖率较高，以针叶林和针阔叶混交林为主要植被类型。岛上的地势南缓北峭，岛前宽阔的葡醍海湾风浪较小，退潮后滩面平坦、广阔，潮间带底质主要为泥质。岛后群礁嶙峋，风浪较大，潮间带主要底质类型为岩礁，潮下带主要为泥沙石底质。该海域特别适宜藻类、沙蚕、贝类、虾蟹类、刺参及鱼类生长，也是鸟类的良好觅食场所和栖息地。

昆嵛山国家级自然保护区 该保护区为山东省第一个森林生态类型的国家级自然保护区。它以烟台市昆嵛山林场为主体，跨越烟台的牟平和威海的文登

两区市。保护区群峰耸立，山高坡陡，沟壑纵横，林深谷幽，海拔 500 m 以上的山峰超过 25 座，主峰为海拔 922.8 m 的泰礴顶，是胶东半岛东端最高的山峰，属长白山系。昆嵛山的植物种类繁多，区系成分复杂，是山东植物资源最丰富的基因库之一，拥有保存完好的赤松林，是中国赤松的原生地和天然分布中心。昆嵛山还是沁水河和汉河等几条重要河流的发源地。

鱼鸟河及其入海口 鱼鸟河发源于高陵镇玉皇庙山北侧，自南向北在四十里湾流入黄海，全长约 22 km，流域面积约 114 km^2。鱼鸟河河道生境类型多样，河道中主要有芦苇等植物，无水的区域还有裸露的沙砾滩。两岸主要生境有针阔叶混交林、落叶阔叶林、农田和果园。鱼鸟河河口滩涂面积广阔，河口及地势低洼处的长期积水区域生物生产力丰富，水中和滩内分布有大量底栖和游泳生物，为栖息在这里的众多水鸟提供了重要的食物来源。

沁水河及沁水湾 沁水河发源于昆嵛山山脉，向北流经昆嵛山路、沁水河湿地公园，在滨海东路该路段桥下分东西两条汇入养马岛东南的沁水湾。沁水湾总面积约 3.5 km^2，湾南端最宽处约 1.6 km，北端以里蹦岛和养马岛间的狭窄海口（宽约 0.5km）与宽阔的海域相通，湾东、西两侧有在用或抛荒的人工养殖池塘和芦苇地，滩面底质为砂质或泥沙混合质，底栖生物非常丰富。沁水河湿地公园被列入国家级湿地公园试点，公园环境优美，植被类型多样。作为牟平区三大河流之一，沁水河丰富多样的生境类型，使其成为众多水鸟的良好栖息地。

高陵水库 高陵水库位于高陵村南，是辛安河的发源地，水库总库容 5400 万立方米，是牟平区最大的水库。水库面积广阔，鱼类资源丰富，周边拥有低山丘陵、河流、芦苇丛、沼泽地、农田果园、村庄、针叶林和针阔叶混交林等多种生境类型。因此，该库区成为鸟类的良好栖息地，冬季常见大群豆雁、绿头鸭、斑嘴鸭等鸭科鸟类在此越冬。

桃园水库 位于观水镇韩家村东，水库大坝长约 500 m，库容 1000 万立方米，属中型水库。水库周围群山环绕，沟壑众多，拥有芦苇丛、沼泽、果园、针叶林和针阔叶混交林等多种生境类型，水中鱼类资源丰富。桃园水库冬季也是鸭科水鸟的重要越冬地。

龙泉水库 龙泉水库位于龙泉镇，被昆嵛山山脉包围，处于昆嵛山北麓的汉河上游，是一座防洪、灌溉和养殖等综合性中型山区水库。水库控制流域面积约 50 km^2，总库容 1899 万立方米。库区所在流域内植被覆盖率高。周边有果园、农田、村庄、苇丛、针阔叶混交林等多种生境类型。

金山港滨海湿地 金山港为位于姜格庄镇北部的一个海湾，南接汉河和广河，北通黄海。港内南北纵深相对较大，还拥有东西走向的 22 km 砂质海岸线。

沿岸有广阔的滩涂和大面积的沿海防护林带。潮间带底质主要为砂质，潮下带主要为泥沙石底质，退潮后滩涂较广阔，底栖生物丰富，是鸻鹬类、鸥科和鸭科鸟类的良好栖息地。

2. 主要观鸟点及鸟类分布特点

牟平区的主要观鸟点包括：养马岛、葡醍湾滨海湿地、鱼鸟河口滨海湿地、鱼鸟河公园、沁水河口滨海湿地、沁水河公园、金山港滨海湿地、昆嵛山保护区及其周边山脉、高陵水库、桃园水库和龙泉水库等。

该区域山系发达、水系丰富、植被覆盖率高、生境类型多样，因此拥有丰富多样的鸟类资源。其鸟类组成及分布特点与莱山区相似度较高。鸟类群落组成的主要类群也为雁行目、鸻形目、雀形目、鹰形目和隼形目。鸟类群落组成的季节性变化特征也十分明显。冬季越冬的鸭科、鸥科和鹬科鸟类种类丰富、群体数量大，多集中在几个水库、葡醍海湾、沁水湾及鱼鸟河周边的人工养殖池塘。春秋迁徙季，鱼鸟河入海口、葡醍湾、沁水湾、金山港等滨海湿地有多种鸻鹬类停歇觅食。夏季以鹭科、秧鸡科、鸥科、鸭科、䴙䴘科、鸻科、鸠鸽科、雉科、鹰科、隼科、杜鹃科、翠鸟科、戴胜科、鸦科、燕科、鹡鸰科、鹎科、苇莺科、鸫科、雀科、椋鸟科、鸦雀科、黄鹂科、山雀科、伯劳科、绣眼鸟科等最为常见。

该区域的受胁和受重点保护的物种与莱山区基本相同。

三、烟台市鸟类资源研究及保护概况

（一）烟台市的鸟类资源研究概况

烟台地区处于东亚—澳大利西亚迁飞路线上，是鸟类迁徙途中南北迁徙的重要通道和优良的中途停歇地。烟台以其独特的地理位置和气候条件，每年吸引大量候鸟入境，鸟类资源比较丰富。但通过查找以往研究资料发现，有关本地区鸟类的专项研究报道较少、研究也不够系统和深入，相关基础数据相对匮乏。

有关烟台鸟类资源的专项研究资料可概括如下。范强东等（1988）通过1983～1985年的烟台鸟类普查资料，得出烟台市（包括威海市）有鸟类19目、50科、276种（含亚种4种）。隋士凤、蔡德万（2000）通过1988～2000年长岛自然保护区鸟类环志与调查，得出长岛自然保护区的鸟类有269种，隶属19目，53科。范强东（2001）在搜集整理前人的调查和研究资料及自己的野外调查和环志研究的基础上，给出胶东半岛有鸟类389种和亚种。2003～2004年，于培湖等人对烟台市水域的越冬鸟类进行了调查，共记录冬候鸟7目8科目33种。烟台

市森林保护站于2015～2016年通过直接计数法对烟台市滨海水域进行了调查，调查共记录冬季鸟类6目6科25种(李玉春等,2018)。我们研究团队自2015年开始对烟台市的鸟类进行了长期的野外调查工作，已记录鸟类320余种。2016～2017年采用样线法和直接计数法逐月对烟台大沽夹河湿地的鸟类资源、群落组成、季节动态及多样性进行了研究，抽样的10 km样线上共记录鸟类14目37科151种(李欣洋等,2018)。赛道建(2017)出版的《山东鸟类志》全面而系统地整理了山东鸟类的标本、文献、照片、影像和环志记录等资料，共收录了分布于山东省的鸟类471种，其中分布于烟台及胶东半岛的鸟类种类也较多，为进一步开展烟台鸟类研究提供了重要参考资料。

(二)烟台市鸟类保护现状与对策

鸟类，是大自然中活泼有趣的野生动物，是大自然的精灵，是生活在人类身边的朋友，也是生态系统的重要组成成分，在生态系统平衡过程中发挥着重要作用。在经济飞速发展的当今社会，人口密度不断增大，城市化进程不断加快，湿地面积不断减少，鸟类栖息地破碎化，环境污染、填海造地、毁林开荒、热岛效应、夜间光照效应等各种各样的生态问题导致城市大型鸟类、猛禽及水禽数量逐渐减少，而喜鹊、麻雀、白头鹎等小型鸟类逐渐发展成为优势种，鸟类多样性锐减。这些城市环境中的鸟类生态现象提示我们已经违背了人类经济、社会的健康可持续发展理念，必须要注意城市化发展过程中的鸟类保护。虽然我国许多城市提出了建设生态城市的目标和计划，但是野生动物及栖息地的保护仍然没有得到足够重视。我们想要的现代化的城市不是高楼林立，车流不息，而是充满自然活力，人与自然，人与动物和谐共处的现代化生态城市。保护鸟类生存环境，保护野生鸟类是实现人鸟和谐、人与自然和谐相处的前提，是促进人类经济、社会健康可持续发展的基础。

烟台市在鸟类栖息环境保护方面做了许多有益的尝试，生态环境不断改善，人们的环境保护意识也在不断提高，对鸟类的保护起到了很好的促进作用。截至2016年底，烟台市拥有市级以上自然保护区20处，其中国家级2处、省级14处；市级以上森林公园25处，其中国家级7处、省级4处；湿地公园8处，其中国家级3处、省级5处。这为鸟类提供了优良的栖息地和繁殖地，对东亚—澳大利西亚迁徙路线上鸟类的成功迁徙和维持种群稳定也具有重要意义。

结合烟台地区鸟类资源现状及长期以来的大规模围填海活动、环境污染加重、民众保护意识欠缺、基础数据匮乏等问题，提出以下鸟类保护建议。

(1)严格管控围填海活动。响应国务院关于加强滨海湿地保护的要求，严控

新增围填海活动，加快处理围填海历史遗留问题，加强海洋生态保护修复，建立长效机制保护地区湿地资源，改善湿地生态功能。

(2)加强地区生态环境保护建设。在严格保护自然保护区的基础上，加强对烟台市境内河道流域、城市公园等自然景观的保护和监管。注重栖息地破碎化后的贯通，优化配置植被种类，提高植被景观异质性。继续加大环境保护力度，严厉整治污染问题。创建优良的生态环境，保护和恢复鸟类栖息地，为鸟类创造健康绿色的家园。

(3)加强地区野生动物保护体系建设。进一步增强野生动物保护工作者的专业技能，使其能够及时准确地鉴别打击野生动物偷猎和违法买卖行为。利用互联网等技术手段切实做好野生鸟类保护工作。

(4)加强本地区鸟类调查和数据监测，更加系统完整地掌握和梳理地区鸟类资源状况，为野生动物保护提供科学依据和决策参考。重视本地区保护物种，加强珍稀濒危鸟类的研究工作，了解其种群现状，实现科学的、针对性的保护。

(5)动员社会公众参与其中。鸟类保护不仅需要政府支持，更需要社会公众的参与。通过宣传片，观鸟协会或高校社团对公众进行鸟类常识教育，举办鸟类观测活动等方法来激发公众参与兴趣。将观鸟、爱鸟、护鸟与兴趣参与结合起来，达到保护鸟类的目的。

本书在科学调查和照片拍摄记录的基础上，对烟台市市区近几年鸟类的分布进行了系统整理，筛选出 268 种比较常见的鸟类编著成册，一方面可为生物相关专业学生鸟类学实习和烟台的野生动物保护部门及观鸟爱护者鉴定鸟类提供参考，另一方面也补充了本地区鸟类生物多样性的基础数据，为掌握本地区鸟类资源现状，制定本地区鸟类保护策略和城市建设规划提供科学依据。

第二章　烟台市区习见鸟类

一、鸡形目　[GALLIFORMES]

地栖性陆禽，常见于地面，通常不善于飞行。雌雄大都异色。喙型短健，上喙微曲且稍长于下喙，善于啄食。翼圆短而不善飞。脚强健善走，后趾位高于其他趾。

摄影：孙虎山

(一)雉科　[Phasianidae]

陆栖性鸟类。体形似家鸡,种间差异大。雄鸟大多体色艳丽而雌鸟色较暗淡。喙短粗而强壮,适合地面啄食。头顶羽冠或肉冠。两翼圆短且尾长。腿脚健壮,善于奔跑,跗蹠裸露无毛或被羽。多数营巢于地面但夜栖于树上。

1. 环颈雉　[Common Pheasant, *Phasianus colchicus*]

形态特征　体长雄85 cm、雌50 cm。雄鸟体色艳丽。嘴暗白色而基部灰色。上嘴基部、前额黑色富蓝绿色光泽。眉纹白色,白色眉纹下方有小块短羽。虹膜栗红色,眼周裸出皮肤红色。有蓝黑色耳羽簇。颈大部分呈绿色,具白色颈圈。上背羽毛基部紫褐色,羽干纹白色、端部黑色,两侧金黄色,下背和腰蓝灰色具黑黄相间横斑。胸部紫铜红色,两胁淡黄色,腹部黑色。两翼灰色。尾长而尖,尾部具有黑色横纹。跗蹠黄绿色,有短距。雌鸟体色暗淡,多为棕黄色或褐色,全身具黑色斑纹;眼周裸出皮肤呈白色;尾较雄鸟短,呈灰棕褐色;跗蹠红绿色,无距。

习性与分布　栖于农田、草地、林地等多种生境;秋冬集群;受到惊吓后在灌丛中奔跑或短暂飞行,双翅振动发出很大响声。杂食性。留鸟。终年常见于烟台的各处低山、林地灌丛、河滩草地。

环颈雉(雄)/20180423 孙虎山摄于鱼鸟河口

二、雁形目 [ANSERIFORMES]

大型和中型游禽，体形宽短，羽厚而密。嘴大而宽扁、先端具角质嘴甲，嘴两侧边缘具栉状突。舌厚大而富肉质。颈稍长，有些种特长而稍曲。尾短圆。腿短健，跗蹠短而稍扁，前趾具蹼或半蹼，爪钝而短，后趾小而不着地。

摄影：孙虎山

(一)鸭科 [Anatidae]

体形大或中等。嘴宽阔扁平,外被一层角质皮。头大而颈细长弯曲。翅长短不一,常具翼镜,善于飞行。尾中等长短或延长。趾间具蹼,善于游泳。雄鸟大多体色鲜艳而雌鸟色较暗淡。以水生动植物为食。

1. 鸿雁 [Swan Goose, *Anser cygnoides*]

形态特征 大型游禽,体长88 cm。雌雄相似。嘴黑色,嘴尖淡黄色,上嘴基部有一疣状突,嘴裂基部有两条棕褐色颚纹,嘴基环绕一条白色细纹,将嘴和额分开。虹膜淡黄色。前颈白色,后颈棕褐色,二者分界明显。上体羽呈灰褐色,淡白色的羽缘形成明显的白色斑纹或横纹。下体前颈下部和胸肉桂色,向后变淡,下腹部和尾下覆羽白色。脚橘黄色或肉红色。

习性与分布 常栖于河流浅水区或沼泽,在水中休息。性喜结群在陆地觅食,主要以植物为食,繁殖季也取食甲壳类和软体动物等动物性食物。旅鸟。3~5 月、10~12 月见于银湖、外夹河回里镇段和芝罘段等地。

鸿雁/20161014 孙虎山摄于外夹河芝罘段

2. 豆雁 ［Bean Goose, *Anser fabalis*］

形态特征 大型游禽，体长80 cm，大小似家鹅。全身灰褐色，雌雄相似。嘴扁平，黑色且具橘黄色次端条带，边缘锯齿状。虹膜暗棕色。头部和颈部均为棕褐色，颈具暗灰色纵纹。背、肩部暗灰褐色，下背及腰黑褐色。翼上覆羽和飞羽灰褐色或黑褐色，具白色羽缘。胸淡黄褐色，腹污白色，两胁具灰褐色横斑。尾羽黑褐色具白端斑，尾上下覆羽白色。脚橙黄色，爪黑色。

习性与分布 栖于草地、农田、芦苇丛或湖泊，除繁殖期外，常成群活动。主要取食植物性食物及少量软体动物。冬候鸟。10 月至次年 3 月常见于银湖、高陵水库等较大型的水库及其附近的草地或麦田。

豆雁/20180216 孙虎山摄于高陵水库

3. 白额雁　［Greater White-fronted Goose, *Anser albifrons*］

形态特征　大型游禽，体长80 cm。雌雄相似。嘴肉红色，嘴甲灰白色，上嘴基部与前额具宽阔白斑，斑后缘黑色。虹膜褐色。头颈棕褐色，头顶和后颈暗褐色，颈具暗灰色纵纹。上体自背部到腰均为灰褐色。翼上覆羽和飞羽灰褐色或黑褐色，具白色羽缘。胸、腹部灰白色且具不规则黑斑，两胁灰褐色。尾羽黑褐色具白端斑，尾上和尾下覆羽白色。跗蹠橘黄色，爪灰白色。

习性与分布　常栖于草地、农田、芦苇丛或湖泊等生境，迁徙季常与豆雁混群，迁飞队列多呈“人”字形，叫声比鸿雁和豆雁大。主要采食植物性食物。旅鸟，少量冬候鸟。3～5 月、10～12 月常见于高陵水库、夹河口、外夹河老岚段至莱山段等地。

白额雁/20170403 孙虎山摄于外夹河回里镇段

4. 小天鹅 [Tundra Swan, *Cygnus columbianus*]

形态特征 大型游禽，体长120 cm。全身羽毛白色，雌雄同色。嘴黑灰色，嘴基黄色未延伸至鼻孔以下。虹膜棕色。头顶、枕部略带棕黄色。颈较大天鹅粗短。脚短健，位于体后部，跗蹠、蹼、爪均为黑色。亚成鸟体羽淡灰褐色，嘴基淡粉色。

习性与分布 常栖于水库或有开阔水面的芦苇沼泽，喜集群，常呈小群或家族群活动；游泳时，头颈伸直与水面垂直。主要以水生植物及蠕虫、昆虫和小鱼为食。冬候鸟。11 月至次年 2 月见于沁水河口、夹河口、内外夹河汇合段等地。

小天鹅(左成鸟，右亚成鸟)/20170127 孙虎山摄于沁水河口

5. 大天鹅　[Whooper Swan, *Cygnus cygnus*]

形态特征　大型游禽,体长 140 cm。雌雄同色,全身羽毛白色。嘴基黄色面积比嘴端部黑色大且延伸至鼻孔以下,鼻孔椭圆形。虹膜暗褐色,眼先裸露。颈显瘦长,与身体长度几乎相等。跗蹠、蹼、爪均为黑色。亚成鸟体羽淡灰褐色,嘴基粉色。

习性与分布　常栖于水库或有开阔水面的芦苇沼泽。繁殖期外性喜集群,取食或休息时喜成对活动,游泳时,头颈伸直与水面垂直,水上活动警惕性极高。主要以水生植物为食,也取食少量软体动物、水生昆虫和其他水生无脊椎动物。冬候鸟。10 月至次年 2 月常见于高陵水库、银湖、夹河口、沁水河口、内外夹河汇合段等地。

大天鹅/20180216 孙虎山摄于荣成天鹅湖

6. 翘鼻麻鸭 [Common Shelduck, *Tadorna tadorna*]

形态特征 中型游禽，体长60 cm。雄鸟嘴赤红色并略上翘，繁殖期嘴基部有红色冠状瘤。虹膜棕褐色。头和颈黑褐色，具绿色金属光泽。体羽多白色，从上背至胸有一条栗色环带，肩部黑色。初级飞羽黑色，次级飞羽绿色形成翼镜。腹中央有一条宽黑色纵带。尾羽、尾上覆羽白色，尾下覆羽棕白色。跗蹠肉红色，爪黑色。雌鸟体色较浅，嘴基无冠状瘤，前额有白色斑点，栗色胸环较窄，腹部黑色纵带不清晰，尾下覆羽近白色。

习性与分布 常栖于开阔水面、河流、沼泽地及浅水海湾。常结群活动，飞行迅速，善于潜水和游泳，警惕性高。杂食性。冬候鸟。11月至次年4月常见于夹河口、沁水河口、鱼鸟河口等地。

翘鼻麻鸭/20180407 孙虎山摄于夹河口

7. 赤麻鸭 [Ruddy Shelduck, *Tadorna ferruginea*]

形态特征 体形较其他鸭类大，体长 63 cm。雄鸟全身赤黄色。嘴黑色。虹膜暗褐色。头顶棕黄白色。繁殖季颈基部有一窄的黑色领环。翅上覆羽白色沾棕色，初级飞羽黑色，飞翔时有明显的白色翅斑和铜绿色翼镜。下体棕黄褐色，上胸、下腹及尾下覆羽色深。尾和尾上覆羽黑色。脚黑色。雌鸟似雄鸟，但体色稍淡，头顶和头侧几近白色，颈无黑色领环。

习性与分布 常栖于江河、湖泊、河口及附近草地农田等生境。繁殖季成对生活，非繁殖季喜集群生活，性机警。杂食性。冬候鸟。10 月至次年 4 月常见于鱼鸟河口、夹河口、沁水河口、辛安河繁荣庄段等地。

赤麻鸭/20180310 孙虎山摄于鱼鸟河口

8. 鸳鸯 ［Mandarin Duck, *Aix galericulata*］

形态特征 小型游禽，体长 40 cm。雄鸟羽色鲜艳。嘴暗红色、尖端白色。虹膜褐色。眼先淡黄色，眼上方和耳羽棕白色，额和头顶中央翠绿色并具金属光泽，颊橙黄色，枕赤铜色与后颈暗绿色的长羽形成羽冠。背和腰暗褐色具铜绿色光泽。翅上覆羽和飞羽多为暗褐色或褐色，次级飞羽外翈和三级飞羽蓝绿色构成翼镜，最后一枚三级飞羽先端和内翈橙黄色，扩大成醒目的帆状立于后背。上胸及胸侧暗紫色；下胸乳白色，两侧绒黑色且具两条白色带。尾羽暗褐色、带金属绿色，尾下覆羽乳白色。跗蹠橙黄色。雌鸟嘴褐色至粉红色，基部白色，眼周具白圈，眼后具眉纹，头和后颈灰褐色，无冠羽，上体灰褐色，胸及两胁棕褐色并具淡色斑点，腹和尾下覆羽白色。

习性与分布 常栖于河流、湖泊和芦苇沼泽等生境。繁殖季常成对生活，冬季常结群活动。善游泳和潜水。杂食性。旅鸟。3～4 月、10～11 月常见于外夹河老岚村段、夹河生态园、夹河口、鱼鸟河口、沁水河口、银湖等地。

鸳鸯（下图中左雌右雄）/20180404 孙虎山摄于内外夹河汇合段

9. 赤膀鸭　[Gadwall, *Mareca strepera*]

形态特征　中型鸭类，体长 50 cm。雄鸟嘴黑色。虹膜暗棕色。头顶棕色杂有黑褐色斑纹，前额棕色，嘴基至耳区有一条暗褐色贯眼纹。颈部棕红色领圈在后颈中部断开。背暗褐色具白色波状细斑。翅具宽阔的棕栗色横斑和黑白两色翼镜。前颈下部、胸和两胁白色且密布鳞状暗褐色细斑，腹白色微具褐色细斑。尾羽灰褐色，羽缘白色。跗蹠橙黄色，爪黑色。雌鸟嘴橙黄色而嘴峰黑色，头和颈侧浅棕白色，密布黑色细纹，翅无棕栗色斑。

习性与分布　常栖于河流、湖泊、水库等开阔水域。多成小群活动，喜欢与其他野鸭混群。性机警，觅食时常将头沉入水中。主要取食水生植物。冬候鸟。10 月至次年 4 月常见于夹河生态园、内夹河福山段、外夹河莱山段至芝罘段、夹河口、鱼鸟河口、沁水河口、葡醍湾、银湖等地。

赤膀鸭（左雌右雄）/20170206 孙虎山摄于内外夹河汇合段

10. 罗纹鸭 [Falcated Duck, *Mareca falcata*]

形态特征 中型鸭类，体长 50 cm。雄鸟嘴黑褐色。虹膜褐色。头顶暗栗色，额基有一小的圆形白斑，头侧、颈侧和颈冠为闪光的铜绿色，眼先和颊部暗栗色，颏和喉白色并延伸到颈侧，颈基部具一条黑色横带。上背及两胁灰白色，具暗褐色波状细纹；下背和腰暗褐色。黑白两色的三级飞羽甚长且下弯，翼镜墨绿色。下体白色，具暗褐色或黑褐色细密波状纹。尾短，灰褐色。脚橄榄灰色。雌鸟头顶和后颈黑褐色杂细密的浅棕色条纹，上体黑褐色杂以“V”形棕色斑，下体棕白色具黑斑。

习性与分布 常栖于河流、湖泊、水库及沼泽地带。多成对或小群活动。性胆怯而机警，飞行迅速灵活。主要取食水藻等水生植物，也少量取食软体动物等小型无脊椎动物。冬候鸟。10 月至次年 4 月常见于银湖、葡醍湾、内夹河福山段、外夹河莱山段至芝罘段、庙后水库等地。

罗纹鸭(左雄右雌)/20180205 孙虎山摄于银湖

11. 赤颈鸭 [Eurasian Wigeon, *Anas penelope*]

形态特征 中型鸭类，体长 47 cm。雄鸟嘴峰蓝灰色，先端黑色，繁殖期铅蓝色。虹膜棕褐色。头和颈部栗红色，额至头顶有乳黄色纵带。颏和喉暗褐色。背和两胁灰白色，杂以暗褐色细密的波状纹；翅上覆羽白色，三级飞羽甚长具白色羽缘，翼镜翠绿色；胸部棕灰色，胸前缀有褐色斑点；腹部白色。尾黑褐色，尾上覆羽和尾下覆羽黑色。跗蹠铅蓝色，蹼和爪黑褐色。雌鸟头顶和后颈黑褐色，杂以浅棕色细纹，喉和颏污白色密布褐色斑点，上体暗褐色具淡褐色羽缘，胸及两胁棕色具不明显暗色斑。

习性与分布 常栖于湖泊、水塘、河口等各类水域。飞翔快而有力，遇到危险时边飞行边发出响亮的叫声。常成群活动于水边浅水区或沼泽地。主要取食藻类及其他水生植物，也少量取食动物性食物。冬候鸟。10 月至次年 4 月常见于夹河口、内外夹河汇合段、内夹河福山段、外夹河莱山段至芝罘段、鱼鸟河口、辛安河公园、银湖、高陵水库等地。

赤颈鸭（左雄右雌）/20161112 孙虎山摄于内外夹河汇合段

12. 绿头鸭 ［Mallard, *Ansa platyrhynchos*］

形态特征 大型鸭，体长 58 cm。雄鸟嘴黄绿色，嘴甲黑色。虹膜棕褐色。头及颈深绿色，具金属光泽，颈部有一明显的白色颈环。上背、肩褐色，密布灰白色波状细纹，羽缘棕黄色，腰绒黑色。两翅灰褐色，翼镜紫蓝色且上下具较宽白色带。上胸栗色，其余下体灰白色，杂暗褐色细密波纹。两对中央尾羽黑色且向上卷曲成钩状，尾上、下覆羽黑色。跗蹠红色，爪黑色。雌鸟嘴黑褐色，端部棕黄色，贯眼纹黑褐色，上体黑褐色，具棕黄色羽缘，形成"V"形斑，腹部浅棕色，跗蹠橙黄色。

习性与分布 常栖于僻静、水生植物丰富的淡水河流、湖泊和沼泽等生境。除繁殖期外常成群活动，游泳时，尾露出水面，常在水中或陆地上梳理羽毛。主要取食植物、水藻及软体动物等。留鸟。常见于河流、水库等各淡水水域及河流入海口，其中以夹河口、鱼鸟河口最为常见。

绿头鸭/20180305 孙虎山摄于夹河口

13. 斑嘴鸭　[Eastern Spot-billed Duck, *Anas zonorhyncha*]

形态特征　中大型鸭类，体长 60 cm。雄鸟体羽大部棕褐色。嘴蓝黑色，先端黄色，嘴基至耳区贯眼线黑褐色。虹膜黑褐色，外圈橙黄色。眉纹黄白色，头顶、额、枕部暗棕褐色。上背灰褐色，下背褐色，翼镜蓝绿色带紫色金属光泽，胸部棕白色杂褐色斑，腹褐色，腰、尾上覆羽、尾羽黑褐色，尾下覆羽黑色。跗蹠和趾棕黄色，爪黑色。雌鸟嘴端黄斑不明显，下体自胸以下淡白色，杂暗色斑。

习性与分布　常栖于河流、湖泊、水库等开阔水域。善游泳、行走，游泳时尾露出水面，除繁殖期外，常成群活动，也和其他鸭类混群。主要取食水生植物及藻类等植物性食物，也少量取食软体动物等水生动物。留鸟。常见于河流、水库等各淡水水域，其中以夹河口、鱼鸟河口最为常见。

斑嘴鸭/20160721 孙虎山摄于夹河生态园

14. 针尾鸭 [Northern Pintail, *Anas acuta*]

形态特征 中型鸭，体长 55 cm。雄鸟嘴黑色。虹膜褐色。头棕褐色，颈侧白色带延至后头，与白色前颈、下体相连。背部淡褐色。翼镜铜绿色。腹部白色有少量淡褐色波状细纹，胁具灰色与褐色相间的细纹。尾上覆羽与背同色，尾下覆羽黑色，中央尾羽细长。脚灰黑色。雌鸟头棕色，密杂黑色细纹，上体暗褐色，上背和肩具棕白色"V"形斑，无翼镜，下体白色，中央尾羽不特别延长。

习性与分布 常栖于湖泊、河流及沿海地带等生境。性机警，喜集群，善游泳和飞行。主要取食植物嫩芽和种子，繁殖期取食水生无脊椎动物。冬候鸟。10 月至次年 4 月常见于银湖、夹河口、夹河生态园、内夹河福山段等地。

针尾鸭（左雌右雄）/20180216 孙虎山摄于银湖

15. 绿翅鸭 [Green-winged Teal, *Anas crecca*]

形态特征 小型鸭，体长 37 cm。嘴黑色。虹膜淡褐色。雄鸟头颈部深栗色，头侧有一绿色带斑连至后颈基部，边缘有浅白细纹，自嘴角至眼有一窄的浅棕白色细纹在绿色带斑上下。背灰色，有暗色细纹。翼镜翠绿色。下体棕白色，胸部杂以黑色圆点，两胁灰色具黑白相间的细密波状纹。尾上覆羽黑褐色，尾下覆羽黑色，两侧各有一黄白色三角形斑。跗蹠黑褐色。雌鸟上体暗褐色，下体白色或棕白色，杂以褐色斑点，下腹和胁具暗褐色斑点，尾下覆羽白色。

习性与分布 常栖于开阔、水生植物丰富的湖泊、河流。喜集群。善飞行和游泳。杂食性。冬候鸟。9 月至次年 5 月常见于鱼鸟河口、辛安河公园、外夹河回里镇段至芝罘段、内夹河福山段、夹河生态园、银湖、高陵水库、庙后水库等地。

绿翅鸭(左雄右雌)/20180223 孙虎山摄于鱼鸟河口

16. 琵嘴鸭 [Northern Shoveler, *Spatula clypeata*]

形态特征 中大型鸭，体长50 cm。雄鸟嘴黑色，末端扩大呈铲状。虹膜金黄色。头颈暗绿色具金属光泽，额、眼周、头顶、颏和喉呈黑褐色。背和腰暗褐色且多具绿色光泽，背两侧、肩部外侧白色且与白色的胸部连成了一体。翅上覆羽和飞羽灰蓝色或暗褐色，翼镜金属绿色，前后具白边。下颈和胸白色，腹和两胁栗色。尾上覆羽绿色，尾下覆羽基部白色，端部黑色。跗蹠橙红色，爪黑色。雌鸟铲状嘴黄褐色，虹膜淡褐色，上体暗褐色，下体淡棕色，胸部斑纹粗而多，两胁具棕色和褐色"V"形斑。

习性与分布 常栖于湖泊、水库、河流和沿海滩涂等生境。成对、小群或单只活动，迁徙季成大群活动。主要取食螺类、甲壳类、蛙等动物性食物，也取食水藻等植物性食物。冬候鸟。9 月至次年 4 月常见于夹河口、外夹河莱山段、内夹河福山段、沁水河口、银湖、高陵水库等地。

琵嘴鸭(上雄下雌)/20161102 孙虎山摄于内外夹河汇合段

17. 白眉鸭　[Garganey, *Spatula querquedula*]

形态特征　小型鸭，体长 40 cm。雄鸟嘴黑褐色、嘴甲黑色。虹膜黑褐色。眉纹白色，宽而长，延伸至后颈，额、头顶黑褐色。上体暗褐色，具淡棕色羽缘。翼上覆羽蓝灰色，三级飞羽稍延长，具白色羽缘，翼镜闪亮绿色且带白色边缘。胸棕黄色，密杂暗褐色波状斑纹，腹部白色，下腹和两胁具暗褐色波状斑纹。尾上下覆羽棕白色杂以褐色斑点。跗蹠灰黑色。雌鸟头至后颈黑褐色，杂棕色细纹，眉纹棕白色，贯眼纹黑色，翅黑褐色，翼上覆羽灰色，腹和尾下覆羽灰白色。

习性与分布　常栖于湖泊、河流、沼泽、海滩等生境。性机警，常成对、小群迁徙，冬季成大群活动。主要取食水生植物和农田谷物，也取食软体动物、甲壳类等水生动物。冬候鸟。9 月至次年 4 月常见于辛安河繁荣庄段、鱼鸟河口、外夹河芝罘段和机场段等地。

白眉鸭（左雌右雄）/20170422 孙虎山摄于外夹河芝罘段

18. 花脸鸭 [Baikal Teal, *Sibirionetta formosa*]

形态特征 小型鸭，体长42 cm。雄鸟嘴黑色。虹膜棕色。脸部自眼后有一宽阔的翠绿色金属带斑延伸至后颈下部，绿带与头顶间有一条白色线，脸部其余地方黄色。额至枕部黑褐色，具淡棕色羽端。上背和胁灰色且有黑色波状细纹，翼上覆羽暗褐色，翼镜铜绿色，下背及腹褐色。尾下覆羽黑色。跗蹠灰蓝色，爪青黑色。雌鸟头侧和颈侧白色，杂以暗褐色条纹，眼先嘴基有棕白色圆斑，眼后上方有棕白色眉纹，上体羽暗褐色，尾下覆羽白色。

习性与分布 常栖于湖泊、水库、河流等开阔水域。性机警，喜欢与其他野鸭混群。主要取食水生植物。冬候鸟。10月至次年3月常见于银湖、内夹河福山段、内外夹河汇合段等地。

花脸鸭/20161109 孙虎山摄于内夹河福山段

19. 红头潜鸭 [Common Pochard, *Aythya ferina*]

形态特征 中型潜鸭，体长 46 cm。雄鸟嘴灰黑色，先部和基部浅黑色。虹膜红色。头和颈栗红色。上体淡灰色，具黑色波状细纹，翼镜大部白色。下颈和胸黑色，腹与两胁灰白色。尾羽灰褐色，尾上和尾下覆羽黑色。跗蹠铅色。雌鸟头、颈棕褐色，上背暗褐色，胸暗黄褐色，腹灰白色。

习性与分布 常栖于开阔且水生植物丰富的河流、湖泊、小型海湾等生境。常结成小群，善于潜水，可潜入深水觅食。杂食性。冬候鸟。10 月至次年 4 月常见于沁水河口、葡醍湾、内夹河福山段、夹河口、银湖、高陵水库等地。

红头潜鸭(左雌右雄)/20180222 孙虎山摄于内夹河福山段

20. 凤头潜鸭 [Tufted Duck, *Aythya fuligula*]

形态特征 中型潜鸭，体长 42 cm。雄鸟嘴蓝灰色，嘴甲黑色。虹膜金黄色。头颈黑色且具紫色光泽，头顶具长形羽冠，额有白色不规则斑块。两胁、翼镜、腹均为白色，其他地方黑色。跗蹠铅灰色，蹼黑色。雌鸟色淡，有浅色脸颊斑，头顶、胸、上体黑褐色，羽冠黑褐色且较短，额基白斑较大，两胁灰白色，尾下覆羽黑褐色。

习性与分布 常栖于湖泊、水库、河流、沼泽、小型海湾等开阔水面。多成群活动，并喜欢与红头潜鸭混群，善于游泳，可在水下数米深潜水觅食。杂食性。冬候鸟。10 月至次年 4 月常见于银湖、内夹河福山段、沁水河口等地。

凤头潜鸭/20170118 孙虎山摄于银湖

21. 鹊鸭 [Common Goldeneye, *Bucephala clangula*]

形态特征 中型鸭类，体长 48 cm。雄鸟嘴黑色，短粗。虹膜金黄色。头、上颈黑色并具绿色光泽，两颊有大型白色圆斑。下颈、胸、腹及胁白色，背、肩羽、腰、尾上覆羽和尾黑色，尾下覆羽灰色。跗蹠黄色，蹼黑色，爪褐色。雌鸟较雄鸟小，嘴黑褐色，端甲橙色，头、上颈褐色，颈基颈环白色，上体淡褐色，跗蹠黄褐色。

习性与分布 常栖于平原地带的河流、河流入海口等生境。除繁殖期外常成群活动，飞行快而有力，善潜水觅食。主要取食软体动物、甲壳类、小鱼等水生动物。冬候鸟。10 月至次年 3 月常见于沁水河口、夹河口、鱼鸟河口、金山港、银湖等地。

鹊鸭/20171223 孙虎山摄于鱼鸟河口

22. 斑头秋沙鸭 [Smew, *Mergellus albellus*]

形态特征 小型秋沙鸭，体长 40 cm。雄鸟嘴铅灰色。虹膜红色。头颈白色，眼周和眼先黑色，枕部两侧黑色，头顶中央白色且延长形成羽冠。背中央黑色，两侧白色，胸部两侧有黑色斜线，翅灰黑色，翼镜白色，胁具灰褐色波浪状细纹，下体白色。尾羽银灰色。跗蹠铅灰色。雌鸟嘴灰绿色，虹膜褐色，额、头顶、后颈栗色，眼先、脸黑色，颊、颏、喉白色，其余上体黑褐色或灰褐色，跗蹠灰绿色。

习性与分布 常栖于森林附近的湖泊、河流等水域。喜成中小群活动，善游泳和潜水。杂食性。冬候鸟。11 月至次年 3 月常见于内夹河福山段、沁水河口、高陵水库、银湖等地。

斑头秋沙鸭(上雄下雌)/20180207 孙虎山摄于内夹河福山段

23. 普通秋沙鸭 ［Common Merganser, *Mergus merganser*］

形态特征　大型秋沙鸭，体长 68 cm。雄鸟嘴暗褐色。虹膜褐色。头颈黑褐色且具绿色金属光泽，枕部具黑褐色羽冠，短而厚。背黑色，翼镜白色，下体从下颈至尾部为白色，腰和尾上覆羽灰色，尾羽灰褐色。跗蹠红色。雌鸟头顶、枕、后颈棕褐色，颏、喉白色，上体灰色，翼上覆羽灰色，下体白色，两侧具密集的灰色斑纹。

习性与分布　常栖于森林附近的湖泊和河口地区。多成小群，偶见单只活动，飞行快而直，游泳时头颈伸直，将头潜入水中。主要取食小鱼以及软体动物、甲壳类等无脊椎动物，也取食少量植物性食物。冬候鸟。10 月至次年 4 月常见于银湖、高陵水库、外夹河福山段、金山港、沁水河口等地。

普通秋沙鸭（左雄右雌）/20170220 孙虎山摄于银湖

24. 红胸秋沙鸭 [Red-breasted Merganser, *Mergus serrator*]

形态特征 大型秋沙鸭，体长 53 cm。雄鸟嘴深红色，嘴峰、嘴甲黑色。虹膜红色。头部黑色且具绿色金属光泽，羽冠黑色，长而显著。上颈具较宽的白色颈环，下颈和胸锈红色杂黑褐色斑纹，背黑色，下背暗褐色，腰和尾上覆羽灰褐色，翅上覆羽多为白色，三级飞羽白色具黑色羽缘，其他飞羽为褐色或暗褐色，翼镜白色，胁具黑白相间波状细纹，下胸至尾下覆羽白色。尾羽黑褐色。跗蹠红色。雌鸟体色暗褐色，头顶、额、后颈、枕部和羽冠棕褐色，喉、前颈棕白色，前胸污白色，胁灰褐色，其余下体白色。

习性与分布 常栖于森林附近的河流、湖泊、小型海湾等生境。多呈小群活动，性机警，善潜水，潜水时身体向上一跃并翻入水中。主要取食小鱼、水生昆虫、甲壳类等水生动物，也取食少量植物性食物。冬候鸟。10 月至次年 4 月见于葡醍湾、金山港、沁水河口、夹河口等地。

红胸秋沙鸭（左雄右雌）/20180302 孙虎山摄于葡醍湾

三、䴙䴘目　[PODICIPEDIFORMES]

中小型游禽。雌雄同型。冬羽和夏羽区别明显。体形似鸭,不善飞行。眼先裸露。颈细长。翅短,近方形。尾短小。脚位于身体后部,跗蹠甚侧扁,被盾鳞,趾具分离的瓣蹼。

摄影:孙虎山

(一)䴙䴘科　[Podicipedidae]

两性相似,冬羽与夏羽有区别。体形似鸭科,但稍小而扁平。嘴尖而窄,眼先裸露。翅短圆,不善飞行。尾极短,全为绒羽构成。脚的位置靠后,跗蹠侧扁,善游泳和潜水,陆上行走艰难。集群栖息于淡水水域的河流、湖泊等生境。

1. 小鸊鷉 [Little Grebe, *Tachybaptus ruficollis*]

形态特征 小型游禽，体长 27 cm。嘴直而尖，黑色，嘴基和尖端黄白色。虹膜黄色。夏羽头顶及颈背黑褐色，眼先、颏、上喉等暗褐色，下喉、耳羽、颈侧红栗色。上体暗褐色，下体白色，翅短圆。尾羽为短小绒羽。脚位于身体后部，跗蹠和趾石板灰色。冬羽色淡，喉白色，颊、颈侧淡黄褐色。

习性与分布 常栖于水草丛生的池塘、河流和湖泊等生境。善游泳和潜水，成对或成群活动于水面。性机警，遇惊动即迅速潜入水中，飞行能力弱。主要取食水生昆虫、鱼虾等，偶尔取食水草。留鸟。常见于烟台各淡水水域。

小鸊鷉/夏羽/20180525 孙虎山摄于夹河生态园

2. 凤头䴙䴘 ［Great Crested Grebe, *Podiceps cristatus*］

形态特征 中型游禽，体长 50 cm。夏羽嘴型直，黑褐色，细而侧扁，尖端苍白色。虹膜橙红色。嘴角至眼睛有一条黑线，眼先裸露，头顶黑色，头顶两侧羽毛延长成黑色冠羽，自耳区到喉部有长形黑色饰羽形成的环形皱领，颈部细长，前颈、胸白色缀有金黄色，后颈、背、腰及内侧肩羽黑褐色，翅短小。脚在身体后部，靠近臀部，跗蹠侧扁，内侧黄绿色，外侧橄榄绿色。冬羽嘴红色，脸颊及前颈白色仅眼先黑色，羽冠短，皱领消失，颈背及体背淡灰色。

习性与分布 常栖于开阔平原、湖泊、水库、河流等生境。善游泳和潜水，游泳时颈部向上伸直，飞行较快，地上行走困难。主要取食各种鱼类和昆虫、虾、软体动物等水生无脊椎动物。留鸟。常见于银湖、沁水河口、内夹河福山段等地。

凤头䴙䴘（夏羽）/20180523 孙虎山摄于莱州河套水库

3. 黑颈䴙䴘 ［Black-necked Grebe, *Podiceps nigricollis*］

形态特征 小型游禽，体长 30 cm。嘴黑色，尖细微向上翘。虹膜红色。夏羽深色头罩延伸至脸颊，头顶和上体黑色，眼后耳区有一簇橙黄色饰羽，两翼覆羽黑褐色，两胁红褐色，胸、腹白色，翼下覆羽和腋羽白色。跗蹠外侧红黑色，内侧灰绿色。冬羽头顶和上体黑褐色，颊和喉污白色，前颈至胸污灰色。

习性与分布 常栖于内陆淡水湖泊、河流、沼泽及河流入海口。成对或成群活动在开阔水面，善游泳和潜水，翅短不易飞起，在水中潜水觅食。主要取食小鱼、蛙、蝌蚪、甲壳类和软体动物。旅鸟。10～11 月常见于沁水河口等地。

黑颈䴙䴘(冬羽)/20161106 孙虎山摄于沁水河口

四、鸽形目　[COLUMBIFORMES]

中小型陆栖鸟类。体形肥硕，飞行肌肉发达。头小，嘴形粗短，基部大都柔软、膨大。颈粗短。翼长，尖形或圆形。尾比翼短。脚短健，无蹼，后趾在同一平面上，稍短于其他趾或缺。

摄影：孙虎山

(一)鸠鸽科　[Columbidae]

体形似家鸽，常栖于树林、山区或居民区的树上或地上，以果实、种子及浆果为食。羽毛颜色多样，两性绝大多数相似。喙较细弱，喙基被软膜，上嘴先端膨大坚硬，鼻孔外具蜡膜。翅稍尖长，飞行快速。尾端圆形或楔形。跗蹠不被羽，四趾在同一平面上，善于在地面行走。

1. 岩鸽 ［Hill Pigeon, *Columba rupestris*］

形态特征 中型鸽，体长 31 cm。雄鸟嘴黑色，基部柔软被肉红色蜡膜。虹膜橙黄色。头、颈和上胸石板蓝灰色，颏和喉石板灰色，颈和上胸缀有铜绿色金属光泽。上背和肩大部呈灰色，下背白色，腰和尾上覆羽暗灰色，翅上覆羽浅石板灰色，大覆羽和内侧飞羽具两道黑色横带，胸以下灰色，腹部白色。尾石板灰黑色，先端黑色，基部具一道宽阔的白色横带。脚较短，跗蹠、趾暗红色，爪黑褐色。雌鸟羽色略暗，光泽不如雄鸟鲜艳。

习性与分布 常栖于山区树林及岩石等生境，常成群活动，性情温顺。主要取食种子、果实、谷物等。留鸟。终年常见于内夹河福山段、芝罘岛、沁水河公园等地。

岩鸽/20160911 孙虎山摄于内夹河福山段

2. 黑林鸽　［**Japanese Wood Pigeon**, ***Columba janthina***］

形态特征　中大型鸽，体长 35 cm。雄鸟嘴灰黑色。虹膜红褐色。体羽大致黑色或炭灰色，头顶、背、腰及翼上随光线不同呈紫色或绿色金属闪辉，后颈具金绿色光泽。脚和趾红色，爪黑色。雌鸟体色不如雄鸟鲜艳。

习性与分布　常栖于常绿阔叶林。多单独活动，偶尔成小群活动，在树上或地上觅食。主要取食植物种子、果实等。夏候鸟。6～8 月见于鱼鸟河公园、沁水河公园、昆嵛山等地。

黑林鸽/20180815 孙虎山摄于鱼鸟公园

3. 山斑鸠 [Oriental Turtle Dove, *Streptopelia orientalis*]

形态特征 中大型斑鸠，体长 32 cm。嘴蓝灰色，基部柔软被蜡膜。虹膜橙色或黄色。前额和头顶前部蓝灰色，头顶后部至后颈棕灰色，颏和喉棕白色，后颈两侧具黑白相间的各 5 道横纹。上背褐色，下背和腰蓝灰色，胸和腹灰色，两胁及尾下覆羽蓝灰色，肩部和内侧飞羽黑褐色具较宽的红褐色羽缘，翅上覆羽石板灰色具淡色羽端。尾羽褐黑色，尾梢浅灰白色。脚短、粉红色，爪褐色。

习性与分布 常栖于常绿阔叶林、混交林、果园和农田等生境。迁徙季和秋冬季集群活动，繁殖期单独或成对活动，在地面行走迅速，飞翔直而迅速。主要取食各种植物的果实和谷物等，也取食昆虫。留鸟。终年常见于烟台各个林地、公园、山区。

山斑鸠/20170612 孙虎山摄于鲁东大学北校区

4. 灰斑鸠　[Eurasian Collared Dove, *Streptopelia decaocto*]

形态特征　中型斑鸠，体长 32 cm。全身褐灰色。嘴灰黑色。虹膜红色，眼部周围裸露皮肤白色或浅灰色。额和头顶前部灰色，颏和喉白色。后颈基部有一半月状黑色领环。背、腰和两肩淡紫色，翼上覆羽灰色或蓝灰色，翼下覆羽白色，胸粉红色，两胁蓝灰色。中央尾羽灰褐色。脚和趾暗粉红色。

习性与分布　常栖于平原和低山丘陵地带的丛林、农田、果园等生境。对人类警惕性较低，喜群居生活。主要取食谷物等。留鸟。四季见于南山公园、鱼鸟河公园、养马岛、昆嵛山等地。

灰斑鸠/20170728 孙虎山摄于南山公园

5. 火斑鸠 ［Red Turtle Dove, *Streptopelia tranquebarica*］

形态特征 小型斑鸠，体长 23 cm。雄鸟嘴黑色，基部及蜡膜灰色。虹膜褐色，眼部周围裸露处灰色。前额、头顶、耳羽至颈淡蓝灰色，颏和喉上部白色后转为淡粉色。后颈有一道黑色领环。背、翼上覆羽、三级飞羽、胸和腹部葡萄红色，其他飞羽黑褐色，两胁、翼下覆羽和中央尾羽蓝灰色，尾下覆羽白色。脚暗褐红色，爪黑褐色。雌鸟后颈黑色颈斑细窄，额和头顶淡褐灰色，背土褐色，腰缀有蓝灰色，胸腹部褐灰色略带粉色。

习性与分布 常栖于开阔平原、低山丘陵、村庄、果园等生境。成对或成群活动，有时与山斑鸠、珠颈斑鸠混群，飞行快而直。主要取食植物浆果、谷物等，也取食昆虫等小型动物。夏候鸟。6～8 月见于养马岛、鱼鸟河公园、南山公园等地。

火斑鸠/20160520 孙虎山摄于养马岛

6. 珠颈斑鸠　[Spotted Dove, *Streptopelia chinensis*]

形态特征　中型斑鸠，体长 30 cm。雄鸟嘴暗褐色。虹膜红褐色。前额淡蓝灰色，头顶淡粉灰色，颏白色。后颈具宽阔的黑色半领环，上面杂以珍珠状白色斑点。喉、胸和腹淡褐色，背、腰及翼上覆羽褐色，翼下覆羽、两胁和尾下覆羽灰色。尾长，尾羽褐色，外侧尾羽具宽阔的白色末端斑。脚和趾紫红色，爪褐色。雌鸟较雄鸟缺少光泽。

习性与分布　常栖于平原、草地、低山丘陵、农田等生境。常成小群或与其他斑鸠混群活动，受到惊吓快速飞到附近树上。主要取食植物种子及昆虫等小型动物。留鸟。终年常见于烟台各处林地、公园、山区。

珠颈斑鸠/20160504 孙虎山摄于养马岛

五、夜鹰目 [CAPRIMULGIFORMES]

中小型攀禽。嘴短而弱，嘴裂宽阔。两翼狭长。脚、趾短而弱，很难在地面站立或休息。善飞行，且飞行时间持久，在飞行时张开嘴捕食昆虫。

摄影：孙虎山

（一）夜鹰科　[Caprimulgidae]

夜行性攀禽。全身羽色灰褐色并具斑纹，呈树皮迷彩色。嘴短而弱，嘴裂宽阔并带有刚毛，鼻孔呈管状。头大、眼大、颈短。两翼狭长。尾呈凸尾状。脚、趾短而弱。雄鸟翼上有醒目白斑。飞行时没有声音，白天休息，晨昏出行，主要捕食飞行性昆虫。

1. 普通夜鹰　[Grey Nightjar, *Caprimulgus indicus*]

形态特征　体长 28 cm。雄鸟枯叶色，上体灰褐色杂以黑褐色杂状斑。嘴黑色。虹膜褐色。头黑褐色，额、头顶和枕具黑色宽阔中央纹，下喉具一大型白斑。上体背部和翼灰褐色并杂以黑褐色和灰白色斑。下体胸灰白色满杂黑褐色斑，腹和胁红棕色并具黑褐色斑。尾灰褐色，具灰白色横斑，中央尾羽浅灰色，有黑褐色宽阔横斑，尾下覆羽棕白色杂黑褐色横斑。脚褐色。雌鸟喉部白斑较小，胸灰黑色，尾羽无白色斑块，尾下覆羽米黄色。

习性与分布　栖息于山地阔叶林和混交林中、农田、果园等生境。单独或成对活动，夜行性，白天休息，晚间在空中飞行捕食昆虫。主要取食天牛、夜蛾、蚊子等昆虫。夏候鸟。6～8 月见于昆嵛山、围子山、朱雀山等山林。

普通夜鹰/20171012 孙虎山摄于大黑山岛

（二）雨燕科 ［Apodidae］

小型攀禽。体形似家燕，雌雄同型，体羽黑褐色，多具光泽。嘴短而宽扁，嘴裂宽阔。两翼窄而尖长，折合超过尾羽。腰部与两胁常有白色斑。尾羽多呈叉状或方形。脚短而弱，爪尖锐，很难在地面站立或休息。常在空中飞翔，并在飞翔时张开嘴捕食昆虫。

1. 白腰雨燕 ［Fork-tailed Swift，*Apus pacificus*］

形态特征 小型攀禽，体长 18 cm，通体黑褐色。嘴黑色。虹膜棕褐色。头顶、背及双翼黑褐色并具浅色羽缘，双翼狭长，腰白色。下体胸、腹及尾下覆羽黑褐色，羽端白色呈细横纹状。尾黑色，长且呈深叉状。脚短，黑褐色，爪黑色。

习性与分布 常栖于靠近水源的悬崖峭壁。鸣叫声音尖细。成群飞翔盘旋，阴天常低空飞行，晴天高空飞行，飞行速度快。主要取食各种飞行性昆虫。夏候鸟。6～8 月常见于芝罘岛、崆峒岛、养马岛、大黑山岛等地。

白腰雨燕/20180602 孙虎山摄于大黑山岛

六、鹃形目 [CUCULIFORMES]

典型的攀禽，中等大小，稍瘦长。喙长适中，稍粗，微向下弯曲。翅短圆，端尖。尾凸形或圆形。脚短弱，趾呈对趾形，跗蹠前缘被盾鳞。两性羽毛大都相似。多数不营巢育雏而把卵产于其他有卵的鸟巢，晚成鸟。

摄影：孙虎山

(一)杜鹃科 [Cuculidae]

中型攀禽。体形似家鸽，稍修长。羽色多暗褐色。嘴适中至粗大，嘴基粗而下弯，无锯齿状突，多有裸露鲜艳眼圈，有的有头冠。翅尖长或稍圆，端尖。下体

及尾羽常具横斑，尾长并多呈凸形。跗蹠常被羽，脚细而弱，对趾足。树栖，卵寄生。

1. 四声杜鹃 ［Indian Cuckoo，*Cuculus micropterus*］

形态特征 中型攀禽，体长 30 cm。雄鸟上嘴黑色，下嘴黄绿色。虹膜红褐色，具黄色眼圈。头颈部灰色，头顶和后颈暗灰色，颈侧淡褐色。肩、背和腰深褐色。胸灰色，具不明显半圆形褐色胸环，腹部污白色，具黑色宽横斑。尾与背同色，近端处具一道宽黑斑，中央尾羽羽干具白斑。脚蜡黄色。雌鸟头颈部略偏褐色，上胸赤褐色，胸腹部白色具多道黑褐色横带，尾下覆羽白色杂以黑斑。

习性与分布 常栖于山地和平原的阔叶林和混交林、农田等生境。性机警，活动范围较大，受到惊吓迅速飞行，飞行速度较快。叫声洪亮，四声一度，音似“布布布谷”。主要取食昆虫及少量植物性食物。夏候鸟。5～8 月常见于烟台各处林地。

四声杜鹃/20170529 孙虎山摄于鲁东大学北校区

2. 东方中杜鹃［Oriental Cuckoo, *Cuculus optatus*］

形态特征　中型攀禽，体长 26 cm。嘴黑色。虹膜暗褐色或黄色，具黄色眼圈。额、头颈至后颈灰褐色，颏、喉、前颈至上胸银灰色。肩、背、腰至尾上覆羽石板灰色，腰有横纹。翅暗褐色、羽缘褐色。下胸、腹和两胁灰白色具多道黑褐色宽横斑。尾黑褐色，中央尾羽黑褐色，羽轴两侧具不规则小白斑，尾上覆羽蓝灰褐色，尾下覆羽浅棕白色。脚橘黄色，爪黄褐色。雌鸟颈侧及胸侧略带棕色，背部及翼褐色较重。

习性与分布　常栖于山地阔叶林、针叶林和混交林等生境。常单独活动，站在高大树木上鸣叫，性机警，飞行迅速。叫声四声而无调。主要取食昆虫及果实等。夏候鸟。6～9 月常见于烟台各处林地。

东方中杜鹃/20170928 孙虎山摄于内夹河福山段

3. 大杜鹃 [Common Cuckoo, *Cuculus canorus*]

形态特征 中型攀禽，体长 32 cm。嘴黑褐色，下嘴基部近黄色。虹膜黄色，具黄色眼圈。额浅灰色，头顶、枕至后颈石板灰色，颏、喉淡灰色。背部灰色，腰蓝灰色，翼灰褐色，内侧覆羽暗灰色，外侧覆羽暗褐色。下体胸以下白色，具黑色细横纹。尾灰黑色，中央尾羽黑褐色，羽轴纹褐色，两侧具对称分布的白色斑点。脚黄色。雌鸟头部赤色，背暗红褐色，胸侧略带灰色。

习性与分布 常栖于山地、丘陵和平原的树林、农田及居民区的高大树木上。多单独活动，飞行快速而有力。叫声为“布谷”，两声一度。主要取食昆虫及食物果实等。夏候鸟。5～8 月常见于烟台各处林地和湿地。

大杜鹃/20170602 孙虎山摄于外夹河芝罘段

七、鹤形目 [GRUIFORMES]

体形小至大型，除少数以外，均为涉禽。喙长而尖直，或则短健。眼先常裸露。颈一般细长。翅短圆。尾短。足、趾均长，胫经常裸露无羽毛覆盖，后趾退化或缺失，存在时形小而位高，与前三趾不在同一平面上，具微蹼或无。

摄影：孙虎山

（一）秧鸡科 [Rallidae]

中小型涉禽，两性相似。不善飞行，善游泳和奔跑。喙短而钝或喙细而长，大于头长，略向下弯曲，一些具角质额板。颈稍长，头小。翅短稍圆。尾羽短而柔软。脚长而健壮，足、趾均长，有些具瓣蹼膜。栖息、活动于水域附近灌丛，受惊吓时潜伏或奔跑于灌丛中。

1. 普通秧鸡 [**Brown-cheeked Rail**, ***Rallus indicus***]

形态特征 中型涉禽，体长 29 cm。雄鸟嘴红色，嘴峰褐色，先端灰绿色，长直而侧扁稍弯曲。虹膜红褐色。眉纹浅灰色，贯眼纹暗褐色，额、头顶和枕黑褐色，脸灰色，颏和喉白色。上体多纵纹，背、肩、腰和尾上覆羽棕色具黑色纵纹。下体上部石板灰色，两胁和尾下黑褐色。翅短，不超过尾长。尾羽短圆。脚肉褐色。雌鸟颜色较暗，头侧和颈侧灰色面积较小。

习性与分布 常栖于开阔平原和低山丘陵地带的沼泽、水塘、河流等生境。性隐蔽，善快速奔跑和游泳。杂食性。旅鸟。3～4 月、10～11 月见于内夹河福山段、外夹河莱山段等有较茂密水草和芦苇的湿地。

普通秧鸡/20161027 孙虎山摄于内夹河福山段

2. 小田鸡　[Baillon's Crake,*Zapornia pusilla*]

形态特征　小型涉禽,体长 18 cm。嘴短,嘴角绿色。虹膜红色。眉纹蓝灰色,贯眼纹棕褐色,颏和喉棕灰色。头顶、背部具黑色中央纵条纹,上体橄榄褐或棕褐色,具黑白色纵纹,肩、背和腰部有白色斑点。两胁和尾下覆羽具黑白相间的横斑。尾羽黑褐色,羽缘棕褐色。腿和脚绿色,爪褐色。雌鸟色暗,耳羽褐色,喉白色。

习性与分布　常栖于森林、平原草地、河流、沼泽等湿地生境。喜结群,性胆小,善飞行、奔跑和藏匿,常一边在植被茂密湿地附近活动,单独奔跑穿行,一边在浅水泥坑中或地面落叶堆中取食。杂食性。旅鸟。3～4 月、9～11 月见于内夹河福山段等湿地。

小田鸡/20170912 孙虎山摄于内夹河福山段

3. 白胸苦恶鸟 [White-breasted Waterhen, *Amaurornis phoenicurus*]

形态特征 中型涉禽，体长 33 cm。两性相似，雌鸟稍小。嘴黄绿色，上嘴基部红色。虹膜红色。头顶、枕、后颈、背、肩石板灰色。两颊、喉、胸、腹白色。上、下体黑白分明。下腹两侧、尾下覆羽红棕色。腿和脚黄绿色。

习性与分布 常栖于芦苇沼泽、灌木丛、河流、湖泊等湿地生境。性机警、隐蔽，白天常藏匿于草丛，晚间单独或成对觅食，善在芦苇丛中奔跑，会游泳。杂食性。夏候鸟。4～7 月常见于辛安河繁荣庄段、养马岛、内夹河福山段等湿地。

白胸苦恶鸟/20170513 孙虎山摄于辛安河繁荣庄段

4.黑水鸡 [Common Moorhen *Gallinula chloropus*]

形态特征 中型涉禽，体长31 cm。通体黑色，两性相似。嘴黄色，嘴基红色。虹膜红色。额甲红色，与红色的嘴基连成了一体，很醒目。头、颈、上背灰黑色，下背、腰、尾上覆羽暗橄榄绿色。两胁具宽阔白色纵纹，下腹羽端白色具黑白相间斑块。尾下覆羽两侧白色，中间黑色。脚黄绿色，胫上具一鲜红色环带，趾长。

习性与分布 栖息于芦苇丛、沼泽、水库、河流等生境。常成对或小群活动，善游泳和潜水，受惊吓后贴近水面飞行不远即落入水面或水草丛中。主要取食水生植物的嫩叶、幼芽、根茎，也取食水生昆虫、软体动物等。留鸟。常见于烟台各个淡水湿地，其中辛安河繁荣庄段和夹河福山城区段数量较大。

黑水鸡/20170611 孙虎山摄于辛安河繁荣庄段

5. 白骨顶 ［Common Coot, *Fulica atra*］

形态特征 中型游禽，体长 40 cm。通体黑色，两性相似，雌鸟额甲较雄鸟小。嘴白色，高而侧扁。虹膜红褐色。头小，具醒目白色额甲，端部钝圆。上体有条纹，翅短圆而宽，内侧飞羽羽端白色。下体浅石板灰色。尾下覆羽黑色，尾短而圆。腿、脚、趾及瓣膜绿色，爪黑色，跗蹠短，趾间具波形瓣状膜。

习性与分布 栖息于低山丘陵、平原的各类水域。喜结群，善游泳和潜水，在水草丛间或开阔水面穿行，受到惊吓后潜入水中或游进水草丛中。杂食性。留鸟。常见于烟台各个较大的湿地，内外夹河汇合段最为常见。

白骨顶/20170421 王宜艳摄于内外夹河汇合段

八、鸻形目　[CHARADRIIFORMES]

中小型涉禽。嘴细而直，间亦向上或向下弯曲。头被全羽。初级飞羽8枚，翅形尖长，三级飞羽特长，善飞行。尾圆而短，尾羽多为12枚。脚较长，胫裸露，中趾最长，后趾小或缺，具微蹼或无。栖息于沿海滩涂、河湖沿岸或沼泽地。迁徙时喜集群。主食软体动物、甲壳动物、蠕虫、昆虫等无脊椎动物。多在地面营巢。大多为候鸟。

摄影：孙虎山

（一）蛎鹬科　[Haematopodidae]

体形粗胖。嘴长而粗直，末端稍弯、尖端侧扁，鼻骨为裂鼻型。羽色为黑白

二色。翼长而尖。尾羽短。胫短，跗蹠较中趾（连爪）仅稍长些，全被网状鳞，仅具前三趾，后趾退化，有微蹼。

1. 蛎鹬 [Eurasian Oystercatcher, *Haematopus ostralegus*]

形态特征 体长 44 cm。嘴较长而强，通常红色或橘红色，鼻孔线状，鼻沟长度达上嘴一半。虹膜红色，具鲜红色眼环。头、颈、胸及上背黑色，下背、腰、腹部白色。飞羽黑色，内侧初级飞羽中间白色，次级飞羽先端白色，与白色的大覆羽形成明显的白色翅斑，翼下覆羽白色并具狭窄的黑色后缘。尾上覆羽和尾羽基部白色，尾羽余部黑色。脚短粗粉红色，足仅具前 3 趾，后趾退化。冬羽喉颈部具有白色横带。

习性与分布 飞行缓慢且振翼幅度大。平时栖息在海岸、河口、沼泽。大多数单个活动，有时结成小群在海滩上觅食软体动物、甲壳类或蠕虫。旅鸟或冬候鸟。8 月至次年 4 月常见于沁水河、辛安河等河口。

蛎鹬/20180424 孙虎山摄于沁水河口

(二)反嘴鹬科 [Recurvirostridae]

体形纤细,有长嘴、长颈和更长的脚。羽色以黑白色为主,两性相似。嘴细长,或形直,或上弯。头较小而颈较长。脚细长,胫部裸露,跗蹠被网状鳞,后趾退化或缺。

1. 黑翅长脚鹬 [Black-winged Stilt, *Himantopus himantopus*]

形态特征 体长 37 cm。嘴黑色且细长。虹膜红色,眼周黑色。头顶至后颈黑色或白杂以黑色,额及两颊自眼下缘、前颈、颈部、胸及下体均为白色,上背、两翼黑色并具绿色金属光泽。尾羽淡灰色或灰白色。腿细长为血红色。冬羽头颈均白色,头顶至后颈有时缀有灰色。

习性与分布 单独、成对或成小群在浅水、滩涂、盐池及淡水沼泽地活动。繁殖于沼泽高处或滩涂中潮汐难以掩盖的区域。主要以软体动物、环节动物、甲壳类、昆虫及其幼虫等无脊椎动物为食,也捕食小鱼和蝌蚪。夏候鸟。3~9 月常见于夹河、沁水河、鱼鸟河等浅水、沼泽地。

黑翅长脚鹬/20180618 王宜艳摄于沁水河口

2. 反嘴鹬　[Pied Avocet, *Recurvirostra avosetta*]

形态特征　体长约 43 cm。嘴黑色，细长，向上弯曲，像镰刀状。虹膜褐色。眼先、前额、头顶、枕和颈上部黑褐色，其余颈部、背、腰、尾上覆羽和整个下体白色，翼白色具黑色翼上横纹及肩部条纹。脚长，青灰色，少数呈粉红色。飞翔时从下面看体羽全白，仅背部斑纹、翼尖黑色。

习性与分布　常单独或成对在沿海浅水、滩涂、盐池活动和觅食，但栖息时却喜成群。主要以小型甲壳类、水生昆虫、昆虫幼虫、蠕虫和软体动物等小型无脊椎动物为食。旅鸟。3～4 月、10～11 月常见于鱼鸟河河口等地。

反嘴鹬/20180206 王宜艳摄于鱼鸟河口

(三)鸻科　[Charadriidae]

嘴短而直,端部具隆起,尖端坚硬,鼻孔直裂,有鼻沟。头圆、眼大。颈粗短。翼形大多短尖,长距离飞行能力强。尾羽较短小。脚长而强壮,跗蹠具网状鳞,一般为三趾,后趾缺或极细小,善于地面行走。喜群栖,迁徙时沿大河、海岸线飞行。

1. 凤头麦鸡　[Northern Lapwing,*Vanellus vanellus*]

形态特征　体长 30 cm。嘴黑色。虹膜暗褐色。额、头顶和枕黑褐色,头顶具黑色反曲的长形羽冠,像突出于头顶的角,眼下黑色,头侧污白。上体绿黑色,阳光下泛金属光泽。下体白色,胸部具宽阔的黑色横带,尾下覆羽淡棕色。脚橙褐色。冬羽头部淡灰色或皮黄色,羽冠黑色,颏、喉白色,肩和翼具皮黄色宽羽缘。

习性与分布　栖息于近水的开阔地带、河滩及沼泽。常成群活动,特别是冬季,集成数十至数百只的大群。善飞行,飞行速度较慢,两翅迟缓地扇动,飞行高度亦不高。主要捕食甲虫、鞘翅目等昆虫和幼虫,也吃虾、螺等小型无脊椎动物和大量杂草种子及植物嫩叶。旅鸟。3～4 月、10～11 月常见于银湖、夹河口、外夹河回里镇段等地。

凤头麦鸡/20171006 孙虎山摄于外夹河回里镇段

2. 灰头麦鸡 [Grey-headed Lapwing, *Vanellus cinereus*]

形态特征 体长 35 cm。嘴黄色,尖端黑色。虹膜红色,眼周及眼先黄色。头颈部灰色。上体肩、背及翼上覆羽棕褐色,初级飞羽黑色,内侧飞羽白色,小覆羽色淡,大覆羽端部白色。喉及上胸部灰色,胸部具黑色宽带,其余下体白色。尾白色,具一宽阔的黑色次端斑。胫部裸露部、跗蹠、脚及趾黄色,爪黑色。

习性与分布 栖于近水的开阔地带、河滩、稻田及沼泽。主要捕食鞘翅目、鳞翅目、膜翅目和直翅目等昆虫,以及虾、螺等小型无脊椎动物。旅鸟。3～5 月、9～11 月常见于鱼鸟河公园、辛安河公园、外夹河回里镇段、内夹河福山段、养马岛、银湖等地。

灰头麦鸡/20180512 孙虎山摄于养马岛

3. 金鸻 [Pacific Golden Plover, *Pluvialis fulva*]

形态特征 体长 25 cm。嘴形直，端部膨大呈矛状，黑色。虹膜暗褐色。额基棕白色，向两侧与白色眉纹相连，向下与胸侧相连。头顶、后颈、背至尾上覆羽黑褐色，满布金黄和浅棕白色点斑，尤以金黄色点斑为浓著。颊、喉、胸和腹部深黑色，胸侧、两胁和尾下覆羽白色。翅又尖又长。尾羽具黑褐色与淡棕白色相间的横斑。跗蹠修长，胫下部裸出，中趾最长，趾间具蹼或不具蹼，无后趾。冬羽颊侧、喉及胸黄色杂有浅灰褐色斑纹，上体遍布褐色、白色和金色斑块，下胸、腹部中央灰黄色。

习性与分布 栖息于海滨、岛屿、河滩、湖泊、池塘、沼泽、水田、盐湖等湿地，生活环境多与湿地有关，离不开水。具有极强的飞行能力，通常沿海岸线、河道迁徙。主食软体动物、甲壳动物、昆虫等。旅鸟。3～5 月、9～11 月常见于鱼鸟河口、夹河口、外夹河回里镇段等湿地。

金鸻(夏羽)/20180510 孙虎山摄于鱼鸟河口

4. 灰鸻 [Grey Plover, *Pluvialis squatarola*]

形态特征 体长 28 cm。嘴黑色，嘴峰长度与头等长，端部稍微隆起，鼻孔线形，位于鼻沟内，鼻沟约等于嘴长的 2/3。虹膜褐色。额、眉纹灰白色，头顶淡黑褐色。下喉、胸部密布浅褐色斑点和纵纹，上体褐灰，下体近白。翅尖形。尾形短圆白色，具黑色斑块。飞行时翼纹和腰部偏白，黑色的腋羽于白色的下翼基部成黑色块斑。跗蹠修长，胫下部裸出，中趾最长，趾间具蹼或不具蹼，后趾细小或缺如。繁殖期两颊、颏、喉、胸和腹部黑色。

习性与分布 栖息于沿海滩涂、河口、池塘、水库、江河浅滩和沼泽地带，多结成 3～5 只的小群活动。以小虾、小蟹、小螺和昆虫等为食。旅鸟，少量冬候鸟。3～5 月、8～11 月常见于沁水河口、鱼鸟河口、夹河口等河口及沿海滩涂。

灰鸻(夏羽)/20180501 孙虎山摄于沁水河口

5. 长嘴剑鸻 ［Long-billed Plover, *Charadrius placidus*］

形态特征　体长 22 cm。略长的嘴黑色，下基部略黄。虹膜黑褐色，眼睑黄色形成细的黄色眼圈。眉纹白色后延，眼先、眼周暗褐色窄带向后延至耳羽，头顶前部具黑色宽带斑，后部灰褐色，颏、喉及前颈白色，耳羽黑褐色。上体背、肩、两翼覆羽及腰灰褐色。上胸具狭窄黑色胸带，其余下体白色。尾形短圆，尾羽近端黑褐色，外侧尾羽羽端白色。胫、跗蹠和趾黄色，爪黑色。冬羽似夏羽，但胸带和其他黑色部分常灰褐色，额顶淡黑色。

习性与分布　栖息于海滨、岛屿、河滩、湖泊等湿地附近，生活环境多与湿地有关，离不开水。单个或 3～5 只结群活动觅食。主要捕食鞘翅目、半翅目、鳞翅目、直翅目昆虫，也吃小虾蟹、小型贝类以及植物嫩芽和碎片等。留鸟。常见于外夹河回里镇段、内夹河福山段、银湖、高陵水库、沁水河口、辛安河口、鱼鸟河口等地。

长嘴剑鸻/20180223 孙虎山摄于沁水河口

6. 金眶鸻　[Little Ringed Plover, *Charadrius dubius*]

形态特征　体长 16 cm。嘴短，黑色。虹膜暗褐色，眼圈金黄色。眼先至耳覆羽有一宽的黑色贯眼纹，眉纹和前额白色，额具一宽阔的黑色横带，横带后有一细窄的白色横带将黑色额带和沙褐色头顶分离开。上体灰褐色或沙褐色，后颈具一白色领环，往前与颏、喉白色相连，白领环之后有黑领环围绕上背和上胸，到前胸黑领环变宽。下体白色。脚和趾橙黄色。冬羽眼先、眼后至耳覆羽及胸带暗褐色，额淡棕色或黄白色，头顶至上体沙褐色。

习性与分布　栖息于海滨、岛屿、河滩、湖泊等湿地附近。单只或成对活动，偶尔也集成小群，活动在水边沙滩或沙石地上，行走速度甚快，边走边觅食，并伴随着一种单调而细弱的叫声，常急速奔走一段距离后稍微停顿，然后再向前走。主要捕食鞘翅目、鳞翅目等昆虫及其幼虫，以及蠕虫、蜘蛛、甲壳类、软体动物等小型无脊椎动物。夏候鸟。3～9 月常见于夹河、鱼鸟河、辛安河、沁水河、汉河、高陵水库、银湖等淡水湿地和河口。

金眶鸻/20180312 孙虎山摄于外夹河回里镇段

7. 环颈鸻 [Kentish Plover, *Charadrius alexandrinus*]

形态特征 体长15 cm。嘴黑色，细短。虹膜暗褐色。头顶有黑斑，后头及后枕棕褐色，额白色与白色眉线相连，贯眼纹黑色，颏、喉及颈后白色连成颈环，下颈侧具褐色横带，横带在中央处不闭合。上体灰褐色，下体白色。尾短圆，中央尾羽黑褐色，向端部渐黑，两侧尾羽白色，尾上覆羽灰褐色。飞行时具白色翼上横纹，尾羽外侧白色明显。脚黑色，爪黑褐色。

习性与分布 栖息于河岸沙滩、河口、沼泽草地、泥地、盐田沼泽等地。喜集群，在一些地方游荡，有时候与其他小型鸻鹬类结群觅食，集群觅食时，啄食频次显著高于不集群。主要以小型甲壳动物、软体动物、蠕虫、昆虫为食。夏候鸟。3～11月常见于金山港、沁水河口、鱼鸟河口、辛安河口、夹河口等地。

环颈鸻/20170415 孙虎山摄于沁水河口

8. 蒙古沙鸻 ［Lesser Sand Plover, *Charadrius mongolus*］

形态特征 体长 20 cm。嘴细短，黑色。虹膜黑褐色。眉纹白色，贯眼纹黑褐色，额基具黑带，头顶部灰褐色沾棕色，头顶前部黑色横带连于两眼之间，将白色额部和头顶分开。后颈棕红色延伸至上胸两侧与棕红色胸带相连，形成完整棕红色颈环。背及其余上体灰褐色，腰两侧白色。胸以外的其余下体包括颏、喉、前颈、腹部和尾下覆羽白色。尾灰褐色。脚暗绿色，跗蹠修长，胫下部裸出，中趾最长，趾间具蹼，后趾形小或退化。冬羽原体羽黑色或棕红色转为褐色。

习性与分布 栖息于海边沙滩、河口、岛屿、河滩等地。具有极强的迁徙能力，常沿海岸线、河道迁徙。单独、成对或小群活动，冬季常集大群。性胆大，在水边沙滩上走走停停，边走边觅食。主要捕食直翅目、膜翅目及鞘翅目昆虫，以及软体动物、蠕虫等小型动物。旅鸟。4～5 月、9～10 月常见于夹河口、辛安河口、鱼鸟河口、沁水河口、葡醍湾等泥沙质滩涂地。

蒙古沙鸻/20180505 孙虎山摄于夹河口

9. 铁嘴沙鸻 ［Greater Sand Plover, *Charadrius leschenaultii*］

形态特征 体长 23 cm。嘴黑色，长而厚。虹膜褐色。夏羽前额白色，额上部、两眼间黑色横带与眼先经眼至耳羽的黑色贯眼纹连为一体，头顶、枕部灰褐色具淡栗色羽缘，颏、喉白色。后颈栗棕色。上体灰褐色，上背和肩羽缘带棕色。翅形尖，白色翅斑短而窄，翼下覆羽黑褐色。上胸具棕红色胸带，其余下体白色。腿和脚灰色且常带有肉色或淡绿色，跗蹠修长，胫下部裸出，中趾最长，趾间具蹼或不具蹼，后趾形小或退化。冬羽无黑色和棕红色而转为灰褐色，贯眼纹灰褐色，额和眉纹白色，上胸两侧灰褐色。雌鸟头部缺少黑色，胸淡栗色，胸带有时中部断开而不完整。

习性与分布 栖息于海边沙滩、河口、岛屿、河滩等地。迁徙性鸟类，具有极强飞行能力，与其他涉禽尤其是蒙古沙鸻混群，常成 2～3 只小群，偶尔成大群活动。喜沿海泥滩及沙滩，边跑边觅食，且奔跑迅速，常跑跑停停，行动小心谨慎。主要捕食小型甲壳动物、软体动物、昆虫等。旅鸟。4～5 月，9～10 月常见于沁水河、鱼鸟河、辛安河、夹河等河流入海口潮间带。

铁嘴沙鸻（雌，冬羽）/20160903 孙虎山摄于沁水河口

10. 东方鸻 ［**Oriental Plover,*Charadrius veredus***］

形态特征 体长 24 cm。嘴细短、橄榄棕色。虹膜褐色。脸偏白，额、眉纹、面颊、喉、颏及颈白色，脸无黑纹。头顶、枕部、上体全灰褐色，颈下淡黄褐色至胸部为宽栗红色带斑，其下缘具明显黑色环带斑，腹部白色。翅形尖，翼下覆羽烟褐色。尾形短圆，褐色。腿黄色或橙黄色，跗蹠长，胫下部裸露，中趾最长，中间具蹼或不具蹼，后趾小或退化。雌鸟面颊污棕色，眉纹不显，胸带沾黄褐色、其下缘无黑色环带斑。冬羽头顶、眼先及耳羽褐色沾黄色，额、眉纹、喉及颊黄白色，胸下缘黑色消失。

习性与分布 栖息于海滩、海岛、河口、河滩、池塘、沼泽、水田、盐湖等湿地以及半荒漠、山脚岩石荒地。常单独或小群活动，飞行有力迅速，在多草地区、河流两岸及沼泽地带取食。主要捕食昆虫及其幼虫、甲壳动物等。旅鸟。3～4 月见于外夹河回里镇段。

东方鸻（雌）/20170330 孙虎山摄于外夹河回里镇段

（四）鹬科　［Scolopacidae］

嘴纤细而长，尖直，或向上或向下略弯。鼻沟长度远超过上嘴的 1/2。颈较长。雌雄大小及羽色相同，体色暗淡而富于条纹。翼稍尖长。尾短。脚细长，跗蹠大多具盾状鳞，趾间不具蹼。

1. 孤沙锥　［Solitary Snipe, *Gallinago solitaria*］

形态特征　体长 29 cm。嘴形长而直，橄榄褐色，嘴端色深，鼻沟长、超过上嘴长度之半。虹膜褐色。嘴基到眼有一条黑褐色的纵纹，眉纹、头顶中央冠纹、颏、喉白色，头侧和颈部两侧白色具有暗褐色斑点。颈部略长，后颈栗色具黑、白斑点，翕黑褐色具有白色斑点。上体黄褐色，具杂白色和栗色斑块，背部横斑较窄，肩胛具白色羽缘。上胸栗褐色具白色细斑纹，下体白色，下胸具淡色横斑，两胁具黑褐色横斑。尾短圆，尾上覆羽淡栗色、尖端逐渐变为灰色。脚细长橄榄色。

习性与分布　栖息于沼泽、池塘、稻田等地。迁徙季常出现在水稻田和海岸地区。多在黄昏和晚上单独活动。性孤僻，不与其他鸻鹬类和沙锥混群。有干扰时常蹲伏地上，危机时才起飞，飞行较扇尾沙锥缓慢，但也做锯齿状盘旋飞行。主要捕食昆虫及其幼虫、蠕虫、软体动物、甲壳动物等无脊椎动物，也采食部分植物种子。旅鸟。9～10 月见于沁水河公园等沼泽湿地。

孤沙锥/20160903 孙虎山摄于沁水河公园

2. 针尾沙锥 ［Pintail Snipe，*Gallinago stenura*］

形态特征 体长 24 cm。嘴细长而直，尖端弯曲，黄绿色而端部深色。虹膜褐色。从嘴基部经眼先具黑色贯眼纹，嘴角至眼下有一黑褐色纵纹，头绒黑色、羽端缀少许棕红色，额基部到枕部的中央纹白色或棕白色，颏、喉灰白色。上体淡褐色，具白、黄及黑色的纵纹及蠕虫状斑纹。下体白色，胸沾赤褐且多具黑色细斑，胁有暗褐色横纹。尾较短，最外侧尾羽仅为一羽轴，形如针，尾上覆羽淡栗红色杂黑褐色斑纹，尾下覆羽沾棕具黑褐色横纹。脚较长，偏黄，跗蹠和趾黄绿色或灰绿色，爪黑色。

习性与分布 常光顾稻田、林中的沼泽和潮湿洼地，比扇尾沙锥栖息环境稍干燥些。飞行方向变换不定，飞行路线呈"S"形或锯齿状。受惊吓时发出惊叫声。白天潜伏在沟渠、草丛下，晨昏时在开阔水边、沼泽和稻田漫步取食，借助植被的掩护，将嘴插入潮湿泥中取食后快步走到另一处隐蔽处继续取食。旅鸟。4～5 月、9～10 月常见于沁水河公园、银湖、外夹河芝罘段和回里镇段等地。

针尾沙锥/20170506 孙虎山摄于外夹河芝罘段

3. 大沙锥　[Swinhoe's Snipe, *Gallinago megala*]

形态特征　体形长 28 cm。嘴长、褐色，基部灰绿色，尖端深褐色。虹膜暗褐色。眉纹苍白色，眼先污白色；两条黑褐色纵纹一条从嘴基到眼，另一条在眼下方，眼后缀红棕色；头形大而方，头顶苍白色，中央纵纹从嘴基达枕部、枕后转为淡红棕色，两侧绒黑色具细小淡红棕色斑点。上体黑褐色杂棕白色、深棕色斑纹，具四条纵行带斑；下体白色，两胁具黑褐色横斑。腿较粗而多黄色，脚橄榄灰色。

习性与分布　栖居于沼泽及湿润草地、稻田内。习性同其他沙锥但不喜飞行，起飞及飞行都较缓慢而稳定。单独、成对或小群活动。在晚上、黎明和黄昏活动觅食，白天多匿藏在草丛中，危险临近时突然飞起，路线通常呈直线形。主要捕食昆虫及其幼虫、环节动物、甲壳动物等小型无脊椎动物。旅鸟。3～5 月、8～10月见于养马岛、外夹河芝罘段、内夹河福山段、银湖等地。

大沙锥/20160827 孙虎山摄于养马岛

4. 扇尾沙锥 [Common Snipe, *Gallinago gallinago*]

形态特征 体长 26 cm。嘴长而直,端部黑褐色,基部黄褐色。虹膜黑褐色。中央冠纹棕红色或淡皮黄色,侧冠纹黑褐色,眉纹黄白色,黑褐色贯眼纹从嘴基到眼并延伸至眼后,嘴基处的眼纹较眉纹宽度明显较宽,眼下纹白色。上体深褐色,具白及黑色的细纹及蠹斑,背部具四条宽阔的棕白色纵带;肩羽边缘浅色,比内缘宽,肩部线条较居中线条为浅。下体几为白色,在两胁、胸、腋下具黑褐色横斑。尾上覆羽基部灰黑色,端部淡棕红色,具灰黑色横斑。脚和趾橄榄绿色,爪黑色。

习性与分布 栖于沼泽地带及稻田,通常隐蔽在高大的芦苇、草丛中,被赶时跳出并做锯齿形飞行,边发出警叫声。空中炫耀为向上攀升并俯冲,外侧尾羽伸出,颤动有声。单独或成 3~5 只小群活动,迁徙期间有时集成大群。主要捕食膜翅目和鞘翅目等昆虫及其幼虫、蠕虫、蜘蛛和软体动物,也食小鱼和杂草种子。旅鸟。3~5 月、8~10 月常见于外夹河芝罘段、内夹河福山段、高陵水库、银湖等地。

扇尾沙锥/20170421 孙虎山摄于内夹河福山段

5. 黑尾塍鹬 [Black-tailed Godwit, *Limosa limosa*]

形态特征 体长 42 cm。嘴细长,近直形,基部橙黄色或粉色,尖端黑色。虹膜黑褐色。眉纹乳白色,眼后变为栗色;贯眼纹黑褐色,细窄而长,延伸到眼后。头、颈栗红色,头具暗色细条纹,后颈具黑褐色细条纹。颏白色,喉、前颈和胸栗红色,下颈两侧和胸具黑褐色星月形横斑。上体灰褐色,背具黑、褐和白色斑点,翅上灰褐色具白色宽阔的翅斑,腰白色。下体胁具黑褐色斑纹,腹白色。尾白色具宽阔的黑色端斑。脚细长、绿灰色。

习性与分布 栖息在沿海泥滩、河流两岸及湖泊。食性同斑尾塍鹬,但更喜淤泥,头往泥里探得更深,有时头的大部分都埋在泥里。主要捕食水生和陆生昆虫及其幼虫、蠕虫、甲壳动物、软体动物、蜘蛛,以及植物种子及谷粒。旅鸟。3～4 月、9～10 月常见于夹河口、鱼鸟河口、外夹河芝罘段、内夹河福山段等地。

黑尾塍鹬/20160917 孙虎山摄于鱼鸟河口

6. 斑尾塍鹬 [Bar-tailed Godwit, *Limosa lapponica*]

形态特征 体长约 40 cm。嘴长而略微向上翘，端部黑色，基部肉色。虹膜褐色。夏羽头顶皮黄色具黑色细纹，眉纹宽阔、棕栗色，贯眼纹黑褐色，颊、颏、喉、颈棕栗色具褐色细纹。背黑褐色具宽阔的棕栗色横斑，下背和腰灰褐色，翅上覆羽灰褐色具杂斑，飞羽黑色，有不明显的白色翅斑。胸、腹棕栗色具灰褐色纵纹。尾具黑白相间横纹。脚黑褐色，跗蹠后缘具盾状鳞，中趾与外趾之间具退化的蹼，中趾外侧有栉状缘。雌鸟较雄鸟栗红色浅。冬羽头顶至尾几乎为灰白色，具黑褐色纵纹，贯眼纹黑褐色、细窄，颈、胸具细的黑褐色纵纹。

习性与分布 栖息在沼泽湿地、稻田与海滩。海边退潮时，常常见有 5～6 只或 20～30 只小群在沙滩上行走觅食。常与中杓鹬、大杓鹬混群。主要以甲壳动物、蠕虫、昆虫、植物种子为食。旅鸟。3～5 月、8～10 月常见于沁水河口、鱼鸟河口、夹河口、葡醍湾等海滨湿地。

斑尾塍鹬/20180415 孙虎山摄于鱼鸟河口

7. 小杓鹬　[Little Curlew, *Numenius minutus*]

形态特征　体长 30 cm。嘴中等长度，略下弯，端部黑色。虹膜褐色。粗眉纹黄白色，贯眼纹黑褐色，头上具有明显的冠纹，中央冠纹皮黄色，两侧的侧冠纹黑褐色。头侧和颈散布暗褐色条纹，颏、喉白色。上体背、肩黑褐色，密布淡黄色羽缘斑，翅上覆羽和飞羽也多为黑褐色并具淡色的羽缘。下体几乎为灰白色，胸部具黑色纵纹，两胁具黑色横斑。尾灰褐色具黑褐色横斑，尾下覆羽奶白色或黄白色。腿黄色或染灰蓝色，趾蹠具盾状鳞。飞行落地时两翼上举。

习性与分布　栖息于沼泽湿地、水田、荒地及海岸附近地带。单独或呈小群活动，但迁徙和越冬时也同其他鹬类集成较大的群体，在未被潮水淹没的滩涂取食。主要捕食昆虫及其幼虫、蠕虫、甲壳动物、软体动物等，有时也取食藻类和植物种子。旅鸟。4～5 月见于夹河等地。

小杓鹬/20180509 孙虎山摄于夹河口

8. 中杓鹬 [Whimbrel, *Numenius phaeopus*]

形态特征 体长 43 cm。嘴黑色，长而下弯，基部淡褐色或肉色。虹膜黑褐色。头顶暗褐色，中央冠纹白色，侧冠纹黑褐色，眉纹浅白色，贯眼纹黑褐色。颏、喉白色，颈、头余部淡褐色，颈、胸有黑褐色纵斑。上背、肩黑褐色，下背白色，羽缘淡黄色具黑色细窄中央纹。腹中部、腰白色，两胁具黑褐色横斑。尾羽褐色，有黑褐色细密横纹。脚蓝灰色或青灰色。

习性与分布 栖息于泥沙质或沙质海岸潮间带、河口滩涂、沼泽、湖泊与河岸草地。单独或小群活动。主要捕食蠕虫、蟹类、虾类、螺类、昆虫及其幼虫等小型无脊椎动物。旅鸟。4～5 月、8～9 月常见于沁水河、鱼鸟河、辛安河、夹河等河流入海口岸边滩涂。

中杓鹬/20180814 孙虎山摄于沁水河口

9. 白腰杓鹬 [Eurasian Curlew, *Numenius arquata*]

形态特征 体长 55 cm。嘴甚长而下弯,褐色,下嘴基部肉红色。虹膜褐色。脸淡褐色具褐色细纵纹。颏、喉灰白色。头顶、颈部、上背淡褐色具深褐色纵纹,后颈至上背羽干纹增宽呈块斑状,下背、腰白色,下背具灰褐色细羽干纹。下体、腋、翼下白色,胸、两胁具粗重黑褐色斑点组成的纵向带状斑纹。尾羽白色或灰褐色具黑褐色细窄横斑纹,尾上、尾下覆羽白色。跗蹠及趾青灰色。

习性与分布 栖息于潮间带、河口、河岸及沿海滩涂,尤其冬季常在近海处。多单独活动,有时结小群或与其他种类混群,边走边将嘴插入泥中探觅食物。性机警,发现危险即飞走并伴随鸣叫,两翅扇动缓慢有力。主要捕食蠕虫、甲壳动物、软体动物、昆虫及其幼虫,也啄食鱼、蛙和植物种子。冬候鸟。8 月至次年 3 月常见于沁水河口、金山港、鱼鸟河口、夹河口等地。

白腰杓鹬/20180131 孙虎山摄于沁水河口

10. 大杓鹬 [Eastern Curlew, *Numenius madagascariensis*]

形态特征 体长 63 cm。嘴甚长而下弯,黑色,嘴基粉色。虹膜暗褐色,眼周灰白色。眼先蓝灰色,颏、喉白色。头顶、颈密布黑褐色细斑纹。上体黑褐色、羽缘深棕白色带棕色花斑,翼黑色,翼上覆羽羽轴及接近羽轴部分具黑褐色斑块。腰具有较宽的红褐色羽缘。下体皮黄白色,具稀疏灰褐色羽干纹。尾羽浅灰色沾黄色具棕褐色或灰褐色横斑,尾上覆羽同腰具较宽红褐色羽缘。脚灰褐色或黑褐色。

习性与分布 栖息于低山丘陵和平原地带的河流、湖泊、水塘、芦苇沼泽及附近的稻田等湿地,以及林中溪边和附近开阔湿地。单独或小群活动觅食,休息时或夜间栖息常集成群。性胆怯,活动时常抬头伸颈观望,如有危险立即起飞,成群飞行时常呈"V"形,降落时常滑翔。主要捕食蠕虫、甲壳动物、软体动物、昆虫及其幼虫,以及小型鱼类、爬行类和无尾两栖类等脊椎动物。旅鸟。3~5 月、8~11 月常见于夹河口、鱼鸟河口等湿地。

大杓鹬/20161010 孙虎山摄于夹河口

11. 鹤鹬　[Spotted Redshank, *Tringa erythropus*]

形态特征　体长 30 cm。嘴黑色，长而尖直，下嘴基部红色。虹膜褐色，眼圈白色而醒目。夏羽通体黑色，具白色斑点，胸侧、两胁和腹具白色羽缘。尾暗灰色具白色窄横斑，尾下覆羽具暗灰色和白色横斑。脚红色。冬羽白色长眉纹自嘴基到眼后，自嘴基到眼具黑褐色纹；上背灰褐色而羽缘白色，下背和腰白色；下体白色，前颈下部和胸缀灰色斑点；尾羽白色覆褐色横斑；脚橙红色。

习性与分布　栖息于北极冻原和森林带的湖泊、水塘、河流岸边及附近沼泽地带，以及低矮疏林和林缘沼泽地带。迁徙期间栖息于海滨、河流沿岸。单独或呈分散小群活动，在水边沙滩、泥地、海边潮间带、浅水处，甚至进到齐腹深的水中边走边觅食。主要捕食甲壳动物、软体动物、蠕虫、水生昆虫及其幼虫。旅鸟。3～5 月、8～10 常见于鱼鸟河口、夹河口等地。

鹤鹬/20180421 孙虎山摄于鱼鸟河口

12. 红脚鹬 Common Redshank, *Tringa totanus*]

形态特征 体长 28 cm。嘴长而尖直，基半部为红色，尖端黑色。虹膜褐色，眼上前缘有一白斑与嘴基相连。头顶、上体褐灰色具黑褐色羽干纹，前额、颊、颏、喉、前颈和上胸白色具细密黑褐色纵纹。背及两翼覆羽具黑褐色斑点和横斑，下背白色并密布黑褐色纵纹，腰白色。下胸、两胁白色具褐色纵纹，腹白色。尾上覆羽和尾白色具黑褐色细的横斑，尾下覆羽白色。脚较长，亮橙红色。冬羽颜色较淡，上体羽轴不明显而具白色斑点。

习性与分布 栖息于河流、河口沙洲、湖泊、水塘、沿海海滨等水域及附近沼泽、草地湿地等各种生境中。单独或小群活动，休息时成群。性机警，受惊后起飞从低至高成弧状飞行，边飞边叫。主要捕食软体动物、甲壳动物、环节动物、昆虫及其幼虫等小型水生和陆栖无脊椎动物。旅鸟。3～4 月、8～10 月常见于鱼鸟河口、夹河口、八角河口等地。

红脚鹬/20160812 孙虎山摄于鱼鸟河口

13. 泽鹬　[Marsh Sandpiper, *Tringa stagnatilis*]

形态特征　体长 23 cm。嘴黑而细直，基部绿灰色。虹膜暗褐色。眉纹白色较浅，贯眼纹暗褐色，眼先、颊、眼后和颈侧灰白色具暗色纵纹或矢状斑，头顶、后颈淡灰白色具暗色纵纹，颏、喉白色。上体灰褐色，上背沙灰色或沙褐色具黑色中央纹，下背及腰纯白色，肩羽灰褐色微带皮黄色具黑褐色横斑。下体白色，前颈和胸具黑褐色细纵纹，两胁具黑褐色横斑。尾上覆羽白色具黑褐色斑纹或横斑，中央尾羽灰褐色具黑褐色横斑。脚细长，黄绿色。冬羽似夏羽。

习性与分布　喜湖泊、盐田、沼泽地、池塘并偶尔至沿海滩涂。通常单只或2～3只成小群在水边沙滩、泥地和浅水处及较深水中活动，但冬季可结成大群。性胆小，机警。主要捕食水生昆虫及其幼虫、蠕虫、软体动物和甲壳动物，以及小鱼。旅鸟。4～5 月、9～10 月常见于沁水河、鱼鸟河、外夹河芝罘段等河流的浅水区。

泽鹬/20180423 孙虎山摄于沁水河口

14. 青脚鹬 [Common Greenshank, *Tringa nebularia*]

形态特征 体长32 cm。嘴长，基部较粗蓝灰色或暗绿色，端部黑色逐渐变细，略向上翘。虹膜暗褐色。眼先、面颊、前颈、胸侧白而杂黑褐色细纹，额基白色而缀少许小的模糊的褐色斑点，头顶及后颈羽缘白色具黑褐色与白色相杂的纵纹。上背和肩灰褐色，羽干纹黑色，羽缘白色，具黑色次端斑，下背、腰纯白。下体包括颏、喉、胸、腹及尾下覆羽纯白色，翅下覆羽和腋羽白色，具黑褐色波形横斑。尾羽白色，中央尾羽具暗褐色波形横斑，并染淡棕色。脚长，青灰色、灰绿色或灰黄绿色，爪暗褐色。冬羽似夏羽。

习性与分布 栖息于各种水域。单独、成对活动，偶尔结小群活动。受惊扰即向远方低飞而去，飞时常发出口哨一般独特的鸣声，飞出一段距离后落下继续觅食。主要捕食水生昆虫、螺、虾、小鱼及水生植物。旅鸟。3～5月、8～11月常见于鱼鸟河口、沁水河口、沁水河公园、外夹河回里镇段、夹河口等地。

青脚鹬/20161106 孙虎山摄于沁水河口

15. 白腰草鹬　[Green Sandpiper, *Tringa ochropus*]

形态特征　体长 23 cm。嘴暗橄榄色或灰褐色、尖端黑色。虹膜暗褐色。白色眉纹短仅限于眼前部，与白色眼周相连，在暗色的头上极为醒目，眼先黑褐色，颊部、耳羽、颈侧白色具黑褐色细纵纹，前额、头顶、后颈黑褐色具白色纵纹。上背、肩、翼覆羽黑褐色，羽缘具白色斑点，下背黑褐色具白羽缘而呈白色，腰白色。下体白色，喉和上胸密被黑褐色纵纹，胸侧和两胁具黑色斑点。尾羽和尾上覆羽白色，尾具黑色横斑，横斑数目由中间向两侧递减。脚较短，橄榄绿或灰绿色。冬羽似夏羽。

习性与分布　栖息于水边浅水处、砾石河岸、泥地、沙滩、水田和沼泽地。常单独或成对活动，迁徙期间也常集成小群，在放水翻耕的旱地上觅食，尤其喜欢肥沃多草的浅水田。主要以蠕虫、虾、蜘蛛、小蚌、田螺、昆虫及其幼虫等小型无脊椎动物为食，偶尔也吃小鱼和稻谷。旅鸟，少量冬候鸟。2～4 月、8～11 月常见于银湖、外夹河回里镇段、内夹河福山段、辛安河繁荣庄段、沁水河口、鱼鸟河公园等湿地。

白腰草鹬/20180207 孙虎山摄于沁水河口

16. 林鹬 [Wood Sandpiper, *Tringa glareola*]

形态特征 体长 20 cm。嘴短而直，尖端黑色，基部橄榄绿或黄绿色。虹膜暗褐色。眉纹白色较长，眼先黑褐色，贯眼纹黑色，头和后颈黑褐色具细的白色纵纹，头侧、颈侧灰白色具淡褐色纵纹，颏、喉白色。上体灰褐色，具白色或棕黄白色斑点。下体白色，前颈、上胸灰白色具黑褐色纵纹，腋羽、两胁具黑褐色横斑。尾白而具褐色横斑，中央尾羽黑褐色具白色和淡灰黄色横斑。脚较长，淡黄至橄榄绿色。冬羽似夏羽。

习性与分布 喜沿海多泥的栖息环境，但也出现在内陆高至海拔 750 m 的淡水沼泽及稻田。性胆怯而机警，通常结成松散小群，可多达 20 余只，有时也与其他涉禽混群。主要捕食直翅目和鳞翅目等昆虫及其幼虫、软体动物和甲壳动物等小型无脊椎动物，偶尔食少量植物种子。旅鸟。3～5 月、8～9 月常见于外夹河回里段、外夹河芝罘段、内夹河福山段、高陵水库、沁水河公园、鱼鸟河公园、辛安河繁荣庄段等湿地。

林鹬/20170416 孙虎山摄于外夹河回里镇段

17. 灰尾漂鹬 [Grey-tailed Tattler, *Tringa brevipes*]

形态特征 体长 25 cm。嘴黑色，下嘴基部黄色，粗而直。虹膜暗褐色。眉纹白色，眼先和贯眼纹黑色，耳区、颊部、头侧、前颈和颈侧白色具灰色纵纹。头顶、后颈和翅及整个上体灰色微带褐色，腰具横斑。下体白色，密布灰色横斑，胸和两胁前部白色具有波浪形或“V”形黑色横斑，腹、下胁、肛周和尾下覆羽纯白色，有时尾下覆羽具少许灰色横斑。尾灰色，尾上覆羽具模糊白色横斑。脚短粗，黄色，跗蹠后面被盾状鳞。冬羽下体无横斑，颈侧和胸缀灰色或石板灰色。

习性与分布 栖息于河流沙石沿岸、岩石海岸、海滨沙滩及河口等湿地。单独或成松散的小群活动于水边浅水处，休息时多在潮间带上部、防波堤上和树上，并上下摆动尾。喜在水边浅水处和潮间带觅食，主要捕食石蛾、毛虫、水生昆虫、甲壳动物和软体动物，有时也吃小鱼。旅鸟。4～5 月、8～9 月常见于沁水河、鱼鸟河、夹河等河流的河口沿岸。

灰尾漂鹬/20170514 孙虎山摄于鱼鸟河口

18. 翘嘴鹬 [Terek Sandpiper, *Xenus cinereus*]

形态特征 体长 23 cm。嘴长而上翘，黑色，嘴基黄色。虹膜褐色。具晦暗的白色半截眉纹，贯眼纹黑色，头、颈、上胸淡灰褐色具黑褐色纵纹。上体灰色，具黑色细窄羽干纹，灰褐色肩部有较宽黑色羽轴纹，形成显著黑色的分支纵带。黑色的内侧初级飞羽明显，翼上中覆羽灰褐色杂白色斑点、小覆羽黑褐色，翼下覆羽白色。下体白色，胸及胸两侧具褐色细纵纹，腹部及臀纯白色。尾及尾上覆羽淡灰色具白色尖端，尾下覆羽白色。脚短，呈橘黄色。冬羽斑纹淡，肩部黑色纵带消失。

习性与分布 喜沿海泥滩、小河及河口，进食时与其他涉禽混群，但飞行时不混群。通常单独或两三只在一起活动，偶成大群。主要捕食甲壳动物、软体动物、蠕虫、昆虫及其幼虫等小型无脊椎动物。旅鸟。3～4 月、7～9 月常见于沁水河、鱼鸟河、夹河、金山港等的入海口沿岸。

翘嘴鹬/20170414 孙虎山摄于鱼鸟河口

19. 矶鹬 [Common Sandpiper, *Actitis hypoleucos*]

形态特征 体长 20 cm。嘴短而直，暗褐色，嘴基部淡绿褐色。虹膜褐色。眉纹白色，眼先黑褐色，过眼纹黑色，脸部灰白色具黑褐色细密纵纹，颏和喉白色。上体黑褐色，头、背、翼覆羽和肩羽绿褐色具细的黑褐色羽干纹和端斑，并具闪亮的绿灰色光泽，翼缘、大覆羽和初级覆羽尖端有少许白色。颈部和胸部灰褐色，前胸具有褐色纵纹，其余下体白色，并沿胸侧向背部延伸，翅折叠时在翼角前方形成显著的白斑。尾橄榄绿色，中央尾羽橄榄褐色，端部黑色微具横斑，外侧尾羽灰褐色具白色斑点及黑白相间的横斑。脚较短，跗蹠和趾橄榄绿色，爪黑色。冬羽似夏羽，色较淡，羽干纹和横斑不明显。

习性与分布 常活动在多沙石的浅水河滩和水中沙滩或江心小岛上，停息时多栖于水边岩石、河中石头和其他突出物上。单独或成对活动，非繁殖期亦成小群。性机警，受惊后立刻起飞，通常沿水面低飞，飞行时两翅朝下扇动，身体呈弓形。主要捕食鞘翅目、直翅目等昆虫，以及螺、蠕虫等无脊椎动物和小鱼、蝌蚪等小型脊椎动物。旅鸟。3～5 月、7～10 月常见于夹河、辛安河、鱼鸟河、沁水河、银湖、金山港、外夹河芝罘段和老岚村段等湿地。

矶鹬/20180329 孙虎山摄于内外夹河汇合段

20. 翻石鹬 ［Ruddy Turnstone, *Arenaria interpres*］

形态特征 体长 23 cm。嘴短而黑。虹膜褐色。头及胸部具黑色、棕色及白色的复杂图案，头顶、眼先、耳覆羽、喉部中央白色，头顶和枕部具黑色细纵纹。上体体色由栗色、黑色和白色交杂而成，非常醒目，背、肩橙红色具黑、白色斑，下背白色，腰具黑色横带。小翼羽、初级覆羽黑色，中覆羽红褐色，内侧覆羽和三级飞羽白色。前颈和胸具黑色宽斑向颈侧延伸至眼及嘴基前端，其余下体纯白色。尾黑色，尾上覆羽白色。脚短，为鲜亮的橘红色，趾黑色。冬羽栗色消失，羽毛变为暗褐色，黑白斑驳不再明显。

习性与分布 栖息于沿海泥滩、沙滩及岩石海岸，在海滩上翻动石头及其他物体找甲壳类动物等食物，有时在内陆或近海开阔处进食。单只或结小群活动，一般不与其他种类混群，奔走迅速。主要捕食甲壳动物、软体动物、昆虫及其幼虫，以及浆果、禾本科植物种子等。旅鸟。3～5 月、8～10 月常见于沁水河口、金山港等地。

翻石鹬（冬羽）/20160903 孙虎山摄于沁水河口

21. 大滨鹬　[Great Knot, *Calidris tenuirostris*]

形态特征　体长 27 cm。嘴较长且厚，黑色，嘴端微下弯。虹膜褐色。眉纹不明显，眼先染淡褐色，头、颈密布白色和黑褐色相间细条纹，颏、喉白色。上体深灰褐色具模糊的纵纹，肩部及翼上具栗红色羽斑杂黑斑，腰及两翼具白色横斑，翅折合时通常超出尾尖。下体白色，繁殖期鸟胸部具黑色大点斑，非繁殖期胸及两侧具较细小的黑色点斑，远处看似深色的胸带，两胁具稀疏的黑色大点斑，腋、翼下覆羽白色沾淡棕色。尾羽暗灰色。脚灰绿色。冬羽头、颈密布黑色纤细纵纹，上体灰色而无栗红色，下体点斑稀而小。

习性与分布　喜沙滩、沿海滩涂及河口，常结大群活动，与其他涉禽混群，随日夜潮汐活动。不怕人，受干扰飞到稍远的地方停歇。主要捕食双壳贝类、螺、虾、蟹、蠕虫、海参和昆虫等。旅鸟。3～4 月、8～10 月常见于辛安河口、夹河口、沁水河口、葡醍湾等滨海湿地。

大滨鹬/20180415 王宜艳摄于葡醍湾

22. 红腹滨鹬 [Red Knot, *Calidris canutus*]

形态特征 体长 24 cm，体形粗胖。嘴深黑色，粗短近直形微向下弯。虹膜暗褐色。眉纹浅色，贯眼纹黑褐色。夏季自面部、前颈、胸至上腹部为鲜艳的栗红色，胸部具黑色纵纹，头顶、后颈红缀白色具细密黑色纵纹，背部、肩部黑色具棕色斑纹和白色羽缘，腰、尾上覆羽白色具黑色横斑。下腹、尾下覆羽白色，尾下覆羽具黑色边缘。尾黑褐色，具白色窄短缘。脚短，暗橄榄绿色或黄绿色。冬羽上体灰色弥补暗色斑纹，下体白色。

习性与分布 喜沙滩、沿海滩涂和河口。黄渤海湿地是其在北极和澳洲之间迁徙路线上的重要停歇地。通常群居，常结成大群活动，并与其他鸻鹬类混群。主要摄食软体动物、甲壳动物、昆虫及其幼虫等无脊椎动物，以及部分植物嫩芽、种子或果实。旅鸟。8 月见于沁水河口。

红腹滨鹬/2016092 王宜艳摄于沁水河口

23. 三趾滨鹬　[Sanderling, *Calidris alba*]

形态特征　体长20 cm。嘴黑色、尖端微向下弯。虹膜暗褐色。夏季头、颈部及上体赤褐色具黑色纵纹，额基、颏和喉白色。飞羽黑色具宽阔的白色翼带，中覆羽和大覆羽灰色，具淡灰色或白色羽缘，小覆羽和初级覆羽黑色，翕、肩和三级飞羽主要为黑色，具棕色和灰色羽缘和白色"V"形斑及白色尖端。下体白色，下胸、腹和翼下覆羽白色，腰和尾上覆羽中央黑色、两侧白色。中央尾羽黑褐色、两侧淡灰色。脚黑色，无后趾。冬羽头、颈部及上体灰白色，赤褐色消失。

习性与分布　成群或与其他鹬类混群活动在海滨沙滩，常沿水面低空快而直地飞行，随落潮在水边急速奔跑，啄食海潮冲刷出来的食物。主要捕食甲壳动物、软体动物、昆虫及其幼虫等小型无脊椎动物，以及少量植物种子。旅鸟。3～5月、8～9月常见于沁水河、鱼鸟河、夹河、金山港等河口湿地。

三趾滨鹬/20160917 王宜艳摄于鱼鸟河口

24. 红颈滨鹬 ［Red-necked Stint，*Calidris ruficollis*］

形态特征 体长 15 cm。嘴黑色，嘴基白色。虹膜暗褐色。贯眼纹黑褐色，眉纹红褐色，额、颏白色，脸、颊红褐色。头顶、颈、上胸、背、肩红褐色，其中头顶和后颈具黑褐色细纵纹，背和肩具黑褐色中央斑与灰白色羽缘。翼上覆羽黑褐色，具红褐色羽缘和白色端斑，翼下覆羽白色。腰中部、尾上覆羽和尾羽黑褐色，尾上覆羽两侧白色，两侧尾羽淡灰色。下体白色，下胸至尾下覆羽白色，胸和胸侧微缀少许褐色斑。脚黑色。冬羽赤褐色消失，眉纹白色，喉及脸侧白色，颈灰褐色，上体灰褐色具黑色羽轴。

习性与分布 喜欢在水边浅水处和海边潮间带活动和觅食。行动敏捷迅速。常边走边啄食。主要啄食地表的食物，有时也将嘴插入泥沙中探觅食物。主要捕食蠕虫、甲壳动物、软体动物、昆虫及其幼虫。旅鸟。4～5 月、8～10 月常见于沁水河口、鱼鸟河口、辛安河口、夹河口、高陵水库、内夹河福山段、外夹河回里镇段等湿地。

红颈滨鹬/20160513 孙虎山摄于辛安河口

25. 小滨鹬　［Little Stint, *Calidris minuta*］

形态特征　体长 14 cm。嘴短而粗，黑色。虹膜暗褐色。眉纹白，眉斑断开，贯眼纹暗褐色，头顶淡栗色具黑褐色纵纹，头侧、后颈淡栗色具褐色纵纹，颈侧有粗糙的痕迹，颏、喉白色。上体褐色，肩部羽毛中部黑色、外缘栗色、边缘灰白色，上背具显眼的乳白色"V"形带斑。覆羽和三级飞羽有赤褐色边缘及清晰的黑色中央。下体白色，胸部多暗褐色细纹或点斑。腿深灰色，脚长而黑色。冬羽上体和胸褐灰色。

习性与分布　栖息于开阔平原地带的河流、湖泊、水塘、沼泽等水边和邻近开阔湿地。成群活动，迁徙期间有时会集大群，在水边浅水处涉水啄食，常与其他小型涉禽混群。主要捕食水生昆虫及其幼虫、小型软体动物和甲壳类动物。旅鸟。4～5 月、8～9 月常见于夹河口、辛安河口等地。

小滨鹬/20160828 孙虎山摄于夹河口

26. 青脚滨鹬 [Temminck's Stint, *Calidris temminckii*]

形态特征 体长 14 cm。嘴黑色、下嘴基部褐色、绿灰色或暗黄色。虹膜暗褐色。眼先暗褐色，眉纹白色窄而不明显，颊、耳区、颈侧褐色缀淡棕色和黑褐色纵纹，颏、喉白色。上体灰褐色，头顶至后颈染栗黄色具黑褐色纵纹，背、肩羽中心斑黑褐色具红色羽缘和灰色尖端，翼覆羽带棕色，腰部暗灰褐色具略沾灰色的羽缘。下体白色，胸灰色，腹部渐进白色。中央尾羽暗褐色，外侧尾羽灰白色，落地时极易见。腿短，腿及脚偏绿或近黄，趾橄榄绿色。冬羽上体暗褐色具黑羽轴，颈灰褐色。

习性与分布 同其他滨鹬，喜沿海滩涂及沼泽地带成小群或大群。主要为淡水鸟，也光顾港湾潮间带。被驱赶时猛地跃起，飞行快速，紧密成群做盘旋飞行。站姿较平。主要捕食昆虫及其幼虫、小型甲壳动物和环节动物等。旅鸟。3～4 月、8～9 月常见于高陵水库、外夹河回里镇段等地。

青脚滨鹬/20170423 孙虎山摄于高陵水库

27. 长趾滨鹬　［**Long-toed Stint**, ***Calidris subminuta***］

形态特征　体长 14 cm。嘴黑色，细长而尖。虹膜深褐色。眉纹白色，眼先暗褐色；贯眼纹不清晰，从嘴基部经过眼先到眼前然后向下弯曲至眼下，与耳覆羽相连接；颏、喉白色，头顶棕色具黑褐色纵纹，后颈淡褐色具暗色细纵纹。上体具黑色粗纵纹，背、肩部中央黑色具棕色、栗色和白色羽缘，背部具有“V”形白斑，腰部中央暗灰褐色。胸部浅褐灰色，具明显黑褐色纵纹，两侧显著，腹部白色。尾深褐色，外侧尾羽灰白色。腿和脚绿黄色，趾明显比较长，中趾长度超过嘴长。冬羽偏暗灰色，眉纹不明显。

习性与分布　喜沿海滩涂、小池塘、稻田及其他的泥泞地带。单独或结群活动，常与其他涉禽混群。不似其他涉禽羞怯，有人迫近时常最后一个飞走。站姿比其他滨鹬直。主要捕食昆虫及其幼虫、软体动物等小型无脊椎动物，以及小鱼和植物种子。旅鸟。4～5 月、8～9 月常见于夹河口、八角河口、银湖等岸边及浅水处。

长趾滨鹬/20180505 孙虎山摄于夹河口

28. 尖尾滨鹬 [Sharp-tailed Sandpiper, *Calidris acuminata*]

形态特征 体长 19 cm。嘴短而细尖，先端稍阔，黑褐色，基部灰或黄褐色。虹膜黑褐色。眉纹白色具褐色细斑纹，眼先至耳区白色具黑褐色贯眼纹，头顶红褐色，密布黑色纵纹，颏、喉、面颊白色具淡黑褐色点斑。上体黑褐色，羽缘多染栗色或土黄色，腰中轴区黑色，两侧白色。下体白色，前颈、上胸沾浅黄色，密布黑褐色斑纹，至下胸和两胁变成显著的“V”形斑，腋羽和翼下覆羽白色沾灰色。尾楔形，中央尾羽黑褐色，外侧尾羽灰褐色，尾上覆羽黑色，尾下覆羽白色具暗纹。腿灰绿色，跗蹠较短，前后被盾状鳞，后趾存在，趾基间无蹼。冬羽上体红褐色变淡，下体黑褐色纵纹细小。

习性与分布 栖息于沿海滩涂、潮间带、盐田、河口三角洲、内陆湖泊、河流、稻田、沼泽泥地等各种湿地。多单独或成小群活动，遇惊时常蹲伏不动以躲避危险。主要捕食蚊蝇类昆虫和幼虫，以及小型甲壳动物、软体动物等无脊椎动物，也吃少量植物种子。旅鸟。4～5 月、9～10 月常见于夹河口、辛安河口、鱼鸟河口、沁水河公园等湿地。

尖尾滨鹬/20170427 孙虎山摄于夹河口

29. 阔嘴鹬　[Broad-billed Sandpiper, *Calidris falcinellus*]

形态特征　体长 17 cm。嘴黑色，有时缀有褐色或绿色，基部宽扁而直，近尖端有一突兀的下弯，具小纽结，形似破裂。虹膜暗褐色。眼上具上细下粗两道白色眉纹，并在眼前合二为一沿眼先延伸到嘴基，贯眼纹黑褐色，头顶黑褐色，背部红褐色，羽具中央黑斑和白色羽缘，在背部中央形成一很大的“V”形白斑，翼角常具明显的黑色块斑。下体白色，颊至胸具褐色细纹或斑点。腰及尾上覆羽的中心部位黑色而两侧为白色。脚短，灰黑色缀绿色、黄色或褐色。冬羽上体淡灰褐色。

习性与分布　性孤僻，喜潮湿的沿海泥滩、沙滩及沼泽地区。翻找食物时嘴垂直向下。遇警时蹲伏。主要捕食环节动物、甲壳动物、软体动物、昆虫及其幼虫等小型无脊椎动物，偶尔采食植物种子。旅鸟。4～5 月、8～10 月常见于夹河口、沁水河口等地。

阔嘴鹬/20160918 孙虎山摄于夹河口

30. 弯嘴滨鹬 [Curlew Sandpiper, *Calidris ferruginea*]

形态特征 体长 21 cm。嘴黑色，长而下弯，嘴基羽毛白色。虹膜褐色。夏季大部分体羽红棕色，颏白色，头顶黑褐色而羽缘栗色，眉纹、头侧、颈和整个下体暗栗红色，羽尖白色。肩、上背暗褐色，羽缘多染栗红色或羽端白色，翼上覆羽灰褐色而羽干纹黑褐色，腰部白色不明显。尾羽黑褐色，中央较暗，尾下白色。脚黑色。冬羽眉纹长白色，上体大部分灰色几乎无纵纹而羽缘白色，下体白色，胸部略沾污。

习性与分布 栖于沿海滩涂及近海的稻田和鱼塘。通常与其他滨鹬及鹬类混群，成密集群。潮落时跑至泥里翻找食物。休息时单脚站在沙坑，飞行迅速。主要捕食沙蚕类环节动物、螺类软体动物、虾蟹类甲壳动物和昆虫等。旅鸟。4～5 月、8～9 月常见于鱼鸟河口、沁水河口、高陵水库、银湖等湿地。

弯嘴滨鹬/20180423 孙虎山摄于鱼鸟河口

31. 黑腹滨鹬　[Dunlin, *Calidris alpina*]

形态特征　体长 19 cm。嘴长，黑色，尖端明显向下弯曲。虹膜暗褐色。眉纹白色，耳覆羽淡白色微具暗色纵纹，头顶棕栗色，具黑褐色纵纹，颏、喉白色。前颈白色微具黑褐色纵纹，后颈灰色或淡褐色具黑褐色纵纹。上体偏棕色，背、肩部栗色，翅上覆羽灰褐色具淡灰色或白色羽缘，飞羽黑色，腰和尾上覆羽中间黑褐色两边白色。下体白色，胸和胸侧具显著的黑褐色纵纹，腹中央有一大的黑色斑，腋羽、翅下覆羽和尾下覆羽为纯白色。中央尾羽黑褐色，两侧尾羽灰色。脚绿灰色。冬羽上体偏灰色具黑褐色羽干纹，下体纯白色，腹部无黑色斑。

习性与分布　常成群活动于水边沙滩、泥地或水边浅水处。性活跃，善奔跑，常沿水边跑跑停停，边走边采食，飞行快而直。有时也见单独活动。主要以蠕虫、甲壳动物、软体动物、昆虫及其幼虫等各种小型无脊椎动物为食。冬候鸟。8 月至次年 5 月常见于沁水河口、金山港、葡醍湾、夹河口、辛安河口等地。

黑腹滨鹬（冬羽）/20170303 孙虎山摄于金山港

（五）燕鸻科 [Glareolidae]

中小型涉禽。嘴短而宽，尖端向下弯曲，嘴裂宽阔。鼻孔卵圆形略被膜，位于嘴基凹处，无鼻沟。颈较短。体色多为沙土色，腰白色。翅狭长而尖，折合时翅端长达尾端或超过。叉状尾或平尾。具四趾或三趾，中、外趾间基部有蹼相连，中爪具栉缘，后趾发达，较前趾位高。酷似燕，能在飞行中捕食昆虫，也在地上奔走觅食。

1. 普通燕鸻 [Oriental Pratincole, *Glareola maldivarum*]

形态特征 体长 25 cm。嘴黑色，基部红色，短而尖端下弯。虹膜暗褐色。颏、喉部棕白色或皮黄色，眼先经眼下缘沿头侧向下有一条黑色细线形成围着棕白色的喉环形圈，圈外缘有窄的白色圈。上体浅棕褐色，颊、颈、胸黄褐色，腹部灰白色，腋羽及翅下覆羽栗色。尾叉状，上黑下白。脚深褐色。飞翔时，翼下红褐色，腰白色，尾黑色而呈叉形。冬羽嘴基无红色，喉斑淡褐色，外缘黑圈不明显并无白圈。

习性与分布 栖于开阔地、沼泽地及稻田。集群活动，与其他涉禽混群。善飞行，可长时间在水域上空飞翔，也善奔跑，在岸边沙滩及砾石地上缓步或奔跑啄食，常见其头不停点动。主要捕食昆虫、甲壳类等小型无脊椎动物，尤其嗜吃蝗虫。旅鸟。4 月见于沁水河口沿岸及其周围的荒滩。

普通燕鸻/20180424 孙虎山摄于沁水河口

(六)鸥科 [Laridae]

中型涉禽,有的体形较大。嘴粗细不一,微曲或直长。鼻孔裸露,椭圆形或缝隙状。羽色多为银灰色。翅长尖,折合时翅尖端超出尾端。尾形中长至长,方形、楔形或深叉状。脚短至适中,跗蹠较粗壮,前趾间具蹼膜,后趾小。

1. 红嘴鸥 [Black-headed Gull, *Chroicocephalus ridibundus*]

形态特征 体长 40 cm。夏羽嘴暗红色,先端黑色。虹膜褐色,眼后缘有细的新月形白色眼圈。头至颈上部咖啡褐色,形成一深色头罩,颏中央白色。颈下部、上背、肩、尾上覆羽和尾白色,下背、腰及翅上覆羽淡灰色,翅前缘和初级飞羽白色,翅尖黑色但并不长,翼尖无或微具白色点斑。脚和趾赤红色。冬羽嘴红色或黄色而尖端黑色,头部转为白色,头罩消失,头顶、后头沾灰,眼前缘及耳区具灰黑色点斑。

习性与分布 常 3~5 只成群活动,冬季集大群,在海上浮于水面或立于漂浮木或固定物上,或在空中盘旋飞行,也常与其他海洋鸟类混群,停栖于水面或陆地上。主要捕食小鱼、虾、水生昆虫、软体动物等水生无脊椎动物,也吃蝇、蜥蜴等小型陆栖动物和死鱼。冬候鸟。7 月至次年 4 月常见于辛安河口、鱼鸟河口、沁水河口、夹河口、葡醍湾、银湖等地,尤其辛安河口数量较大。

红嘴鸥/20170423 孙虎山摄于鱼鸟河口

2. 黑嘴鸥 ［Saunder's Cull，*Saundersilarus saundersi*］

形态特征 体长 33 cm，体形较小。嘴粗而短，黑色。虹膜黑褐色，白色眼圈明显，眼上下缘在眼后连成新月形白斑。夏羽头部黑色并延伸到颈后，深色头罩较红嘴鸥的大且色深。颈下部、上背和肩白色，下背、腰、三级飞羽和翅上覆羽灰色，翅前缘、外侧边缘白色，初级飞羽白色或灰白色并具黑色尖端。下体、尾羽和尾上覆羽白色与颈部连成一体。脚深红色，爪黑褐色。冬羽头白色，眼后耳区有黑色斑点，头顶缀有淡褐色。

习性与分布 栖息于沿海、河川、湖泊、沼泽地区的芦苇和碱蓬湿地。常成小群活动，与其他鸥类混群，飞行能力强，轻盈似燕鸥，一般不下水游弋。主要捕食鱼类，以及甲壳动物、蠕虫、水生昆虫及其幼虫等水生无脊椎动物。冬候鸟，旅鸟。8 月至次年 4 月常见于金山港、沁水河口、夹河口、辛安河口等地。

黑嘴鸥（冬羽）/20180130 孙虎山摄于金山港

3. 遗鸥 ［Relict Gull, *Ichthyaetus relictus*］

形态特征 体长为 45 cm。嘴粗壮，暗红色。虹膜棕褐色，眼上、下各有一半月形白斑，形成白而宽的眼圈。前额扁平。夏羽头部深棕色至黑色，形成浓黑的头罩。背部、肩部为淡灰色，外侧初级飞羽白色具黑色次端斑，飞翔时翅膀的尖端呈黑色，而且具有白色的斑。腰部、尾羽和下体为白色。脚暗红色或珊瑚红色。冬羽头部变为白色，只是在耳区有一个暗色的斑，在头顶至后颈也有较暗的颜色。

习性与分布 栖息于开阔平原和荒漠与半荒漠地带的咸水或淡水湖泊中。以枯水草为材筑巢于沙岛上，常与燕鸥、噪鸥的巢混在一起，孵化、育雏期间有集体护巢行为。迁徙时集大群于大型湖泊、海岸线越冬。杂食性，主要捕食水生昆虫等水生无脊椎动物。冬候鸟。11 月至次年 3 月见于沁水河口等地。

遗鸥(冬羽)/20180131 孙虎山摄于沁水河口

4. 黑尾鸥 ［Black-tailed Gull, *Larus crassirostris*］

形态特征 体长 47 cm。嘴黄色，尖端红色，具黑色环带。虹膜淡黄色，眼睑朱红色。头、颈白色。背和两翼深灰色，两翼长而窄，外侧初级飞羽黑色，次级飞羽深灰色尖端白色，形成翅的白色后缘，合拢的翼尖上具四个白色斑点。腰、尾上覆羽及整个下体为白色。尾白色而具宽大的黑色次端带。脚黄色，爪黑色。冬羽头顶及颈背具灰褐色斑。第一冬的鸟多沾褐色，嘴粉红而端黑，脸部色浅，尾黑，尾上覆羽白。第二年似成鸟但翼尖褐色，尾上黑色较多。

习性与分布 栖息于沿海海岸沙滩、悬崖、草地及邻近湖泊、河流和沼泽地带。松散群栖，成群在海面上飞翔或伴船觅食，或集群于沿海渔场、河口、江河下游和附近水库与沼泽地带活动觅食。主要捕食海面上层鱼类，以及虾、软体动物和水生昆虫等。留鸟。一年四季在烟台海滨及离海较近的河流等湿地均可见到，尤其在夹河、辛安河、鱼鸟河、沁水河、汉河的河口区更为常见。

黑尾鸥/20160419 孙虎山摄于芝罘岛

5. 普通海鸥　[Mew Gull, *Larus canus*]

形态特征　体长 50 cm。嘴亮黄色；虹膜淡黄色，眼睑红色。夏羽头、颈、腰和整个下体白色，背、肩和内侧翅上覆羽灰色，外侧两枚初级飞羽黑色，具有大的白色亚端斑，其余飞羽灰色，具宽的黑色末端和部分白色尖端。尾白色。脚绿黄色。冬羽头、颈部具有灰褐色小纵斑，有时嘴尖有黑色。第一冬的鸟上体具褐色斑，头、颈、胸和两胁具浓密的褐色纵纹，尾具黑色次端带。第二年已似成鸟但头上仍褐色较深，翼尖黑色。

习性与分布　栖息于淡水生境，如大的湖泊、水库、河流，冬季也栖息于海岸、河口和港湾。常成群活动，低空掠过水面或在水面游荡，单独或与其他鸥类结群在潮间带的泥滩附近觅食。主要捕食小鱼、甲壳类、昆虫及软体动物等，偶尔也食植物性食物。冬候鸟。11 月至次年 4 月常见于金山港、沁水河口、鱼鸟河口、辛安河口、高陵水库、银湖、夹河口、外夹河芝罘段等地。

普通海鸥/20170310 孙虎山摄于沁水河口

6. 小黑背银鸥 [Lesser Black-backed Gull, *Larus fuscus*]

形态特征 体长约 60 cm。嘴黄色，较厚，次端部常具一丝黑色带，下嘴次端部具一红色斑点。虹膜浅黄色，眼周裸皮红色。上体灰至深灰或深灰色，比银鸥复合体中的其他种类及海鸥色深。头白色，冬季成鸟具少量至中量纵纹，枕部、颈部尤其是后颈纵纹较多。三级飞羽白色月牙形斑宽但肩部斑细或无。初级飞羽外侧羽尖黑色，两枚外侧羽具微小的白色羽端，至第六、七枚羽逐渐增大，飞行时外侧初级飞羽的白色端斑相对较小并具单个白色翼镜。成鸟脚粉红色，亚成鸟的脚鲜黄色。

习性与分布 冬季主要栖息于海岸及河口，多成小群活动，在地上行走寻找食物，休息时多栖于潮间带沙滩上，善游泳和飞翔。主要捕食水生无脊椎动物。冬候鸟。10 月至次年 4 月常见于金山港、沁水河口、辛安河口、鱼鸟河口等地。

小黑背银鸥(冬羽)/20180130 孙虎山摄于金山港

7. 西伯利亚银鸥　[Siberian Gull, *Larus smithsonianus*]

形态特征　体长 62 cm。嘴黄色，下嘴次端部具红色点斑，较厚重。虹膜浅黄至偏褐色，眼周裸皮红色。夏羽头、颈白色，上体体羽变化由浅灰至灰或灰至深灰，背、肩、翼内侧覆羽暗色较淡，肩羽具宽阔的白色端斑，腰和尾上覆羽白色，下体白色，翅下覆羽和腋羽亦为白色。合拢的翼上可见多至五枚大小相等的白色翼尖，飞行时可见分别位于第十、第九初级飞羽上的大小不等的两个明显白色翼镜。尾部纯白色。脚淡肉红色，后趾发达。冬羽头及颈背具深色纵纹，并及胸部。

习性与分布　栖息于沿海港湾、海岸、岩礁与岛屿，及内陆河流、湖泊、水库等处。喜结群活动在水面上空，群飞时常成直线形，或近水面滑翔，俯冲到水中捕食猎物，也在潮间带啄食底栖动物，休息时多成小群或大群栖于潮间带沙滩上。杂食性。主要捕食鱼类等小动物，也取食植物种子、果实。冬候鸟。8 月至次年 4 月常见于辛安河、夹河、汉河、沁水河、鱼鸟河等河流入海口，也常见于银湖、高陵水库等开阔的淡水水域等地。

西伯利亚银鸥/20180130 孙虎山摄于金山港

8. 黄腿银鸥 ［Caspian Gull, *Larus cachinnans*］

形态特征 体长 60 cm。嘴黄色，下嘴尖且先端具红色斑点，有时略具黑色带，较银鸥复合体中的其他种看似偏小。虹膜深黄色。上体浅灰至中灰，三级飞羽及肩羽具白色的宽月牙形斑，翼合拢时通常可见三个大小相同的白色翼尖，飞行时初级飞羽外侧具两个较大且大小相似的白色翼镜。脚通常为亮丽的橙黄色或淡黄色。冬羽头及颈背无褐色纵纹。

习性与分布 栖息于海岸、港湾、河口、内陆水域。松散的群栖性，飞行快速迅捷，常在水面上空轻轻扇翅飞翔，左顾右盼俯视水面，发现食物俯冲捕食，游泳能力强。主要捕食鱼类，以及蠕虫、甲壳类动物等。冬候鸟。10 月至次年 5 月常见于辛安河、鱼鸟河、夹河等河口海岸及其附近的滩涂。

黄腿银鸥/20170303 孙虎山摄于沁水河口

9. 灰背鸥　[Slaty-backed Gull, *Larus schistisagus*]

形态特征　体长 61 cm，体形较大。嘴较粗壮，黄色，下嘴次端部具红色点斑。虹膜黄色。背部灰黑色，头、颈、腰及整个下体白色，喉羽灰白有棕褐色羽干纹，白色月牙形肩带较宽，飞羽黑色，飞行时上体的背部与飞羽的羽色对比差别不明显，外侧初级飞羽黑色具较小的白色端斑，次级飞羽青灰色具宽大的白色端斑。尾上覆羽、尾羽均白色。脚粉红色。冬羽头后及颈部具褐色纵纹，眼周和后枕纵纹较浓密，肩、背至尾上覆羽、翼上覆羽灰白色缀棕褐色横斑和斑块。第一冬鸟尾完全为黑褐色具灰白色羽端。

习性与分布　栖息于海滨沙滩、岩石海岸、岛屿及河口地带，迁徙期间到内陆河流、湖泊活动。成对、小群或集成大群活动。主要捕食鼠类、蜥蜴、小鱼、甲壳类、软体动物、昆虫等小型动物，也食动物尸体。冬候鸟。9 月至次年 4 月常见于金山港、沁水河口、鱼鸟河口、辛安河口、银湖等地。

灰背鸥/20171209 孙虎山摄于金山港

10. 鸥嘴噪鸥 [Gull-billed Tern, *Gelochelidon nilotica*]

形态特征 体长 39 cm。嘴黑色，较粗。虹膜褐色。夏羽额、头顶、枕和头的两侧从眼和耳羽以上黑色，眼先、眼以下头侧白色。上体背、肩、腰和翅上覆羽珠灰色，初级飞羽银灰色。下体白色与颈、头侧连为一体。尾和尾上覆羽白色，中央一对尾羽珠灰色，尾呈深叉状。脚黑色。冬羽头白色，头顶和枕缀有灰色，并具不明显的灰褐色纵纹，贯眼纹黑色，耳区有烟灰色黑斑，后颈白色。

习性与分布 喜光顾沿海河口、潟湖及内陆淡、咸水湖，单独或小群活动。常徘徊飞行，取食时通常轻掠水面或于泥地捕食，很少潜入水中。主要捕食昆虫及其幼虫、蜥蜴和小鱼，以及甲壳类和软体动物。旅鸟。3～4 月、8～9 月常见于夹河口、沁水河口、鱼鸟河口等地。

鸥嘴噪鸥/20180425 孙虎山摄于沁水河口

11. 白额燕鸥 ［Little Tern，*Sternula albifrons*］

形态特征 体长 24 cm。嘴黄色，尖端黑色。虹膜褐色。眼先及贯眼纹黑色，在眼后与头及枕部的黑色相连，上嘴基沿眼先上方达眼和额部为白色，头顶至枕及后颈均为黑色，眼以下头侧、颈侧白色。背、肩、腰及翼上覆羽灰色或淡灰色，翼前缘黑色，颏、喉及整个下体包括腋羽和翼下覆羽全为白色。尾上覆羽和尾羽白色。脚橙黄色。冬羽嘴黑色，基部黄色，头顶白色向后方扩大，黑色变淡变窄向后退缩成月牙形，脚黄褐色或暗红色。

习性与分布 栖居于海边沙滩、湖泊、河流、沼泽及内陆水域附近的草丛、苇丛及灌木丛中，以及近海无人岛礁等处。与其他燕鸥混群。常成群结队，频繁地快速振翼，做徘徊飞行，发现猎物能在空中悬停，找准机会迅速俯冲到水面捕捉，入水快，飞升也快。主要捕食小鱼、小虾、水生昆虫。夏候鸟。4～8 月常见于鱼鸟河口、沁水河口等地。

白额燕鸥/20180712 王宜艳摄于鱼鸟河口

12. 黑枕燕鸥 [Black-naped Tern, *Sterna sumatrana*]

形态特征 体长 31 cm。嘴黑色,嘴端黄色或污黄。虹膜褐色。头白色,具特征性的枕部黑色带,眼先具黑色点斑,后枕基部枕部黑色带与灰色背部之间具一条白色领圈。上体浅灰色,背、肩和翼上覆羽淡葡萄珠灰色,腰白色。胸、腹等整个下体白色。尾深叉状,尾羽和尾上覆羽白色。脚成鸟黑色,幼鸟黄色。冬羽枕部黑色带斑少而窄,第一冬鸟头顶具褐色杂斑,颈背具近黑色斑。幼鸟头侧及颈背灰褐,上体近褐而具皮黄及灰色扇贝形斑,腰近白,尾圆而无叉。

习性与分布 栖息于海滨沙滩及珊瑚海滩,极少到泥滩,从不到内陆,是典型的海洋性鸟类,常在海面上空频繁飞翔。喜群栖,与其他燕鸥混群。主要以小鱼为食,也吃浮游生物、甲壳类和软体动物等无脊椎动物。旅鸟。3～4 月、8～9 月常见于夹河口、鱼鸟河口等地。

黑枕燕鸥/20160917 孙虎山摄于鱼鸟河口

13. 普通燕鸥 [Common tern, *Sterna hirundo*]

形态特征 体长 35 cm。夏季嘴红色，端部黑色。虹膜褐色。前额经眼睛到后枕以上的整个头顶部黑色，眼以下颊部、嘴基、颈侧、颏、喉白色。背、肩和翼上覆羽鼠灰色或蓝灰色，腰白色，翅折合时翅尖可达尾尖。下体白色，胸、腹沾葡萄灰褐色。尾深叉形，尾上覆羽和尾白色，外侧尾羽延长且外侧黑色。脚红色，爪黑色。冬季嘴黑色，前额白色，头顶前部白色具黑色纵纹，颈背黑色，脚暗红色。幼鸟上体及翅具白色羽缘和黑色亚端斑，第一冬上体褐色浓重，上背具鳞状斑。

习性与分布 喜沿海水域，有时在内陆淡水区。小群活动，飞行有力，从高处冲下海面取食。歇息于突出的高地如钓鱼台及岩石。主要捕食小鱼、甲壳类、昆虫等小型动物。夏候鸟。4～8 月常见于夹河口、鱼鸟河口、沁水河口等地。

普通燕鸥/20180424 孙虎山摄于沁水河口

14. 灰翅浮鸥 ［Whiskered Tern, *Chlidonias hybrida*］

形态特征 体长 25 cm。嘴紫红色。虹膜深褐色。头顶黑色，自嘴基沿眼睛下缘经耳区到后枕，与白色的颏、喉及眼下的整个颊部形成鲜明的对比。上体灰色，肩部灰黑色，翼下覆羽白色，下体灰黑色，前颈与上胸暗灰色，下胸、腹部和两胁黑色。尾羽短，浅开叉，尾下覆羽白色。脚红色，爪黑色。冬羽嘴黑色，前额白色，头顶至后颈黑色并具白色纵纹，上体灰色，下体白色。幼羽上体颜色较深具浅黄褐色羽缘。

习性与分布 栖息于开阔平原湖泊、水库、河口、海岸和附近沼泽地带。喜淡水区域，结小群或偶成大群活动，觅食时会在水域上空边飞边找寻食物。主要捕食小鱼、虾、水生昆虫、螺类等小型动物，以及部分水生植物。夏候鸟。4～6 月常见于内外夹河汇合段、内夹河福山段、外夹河芝罘段、银湖、夹河口等地。

灰翅浮鸥/20170508 孙虎山摄于外夹河芝罘段

九、鹳形目　[CICONIIFORMES]

本目为大型涉禽，雌雄羽色相同，体羽多为白、黑色。具有“三长”的特点，嘴长、颈长、腿长，以适应涉水取食。嘴粗壮而直，先端尖锐。眼先裸出。翅较长而宽。尾较短，为平尾或稍圆。腿位于体后部，胫下部裸露，脚四趾，趾形细长，后趾发达，与前趾同在一平面上，前三趾基部有蹼膜相连。栖息于河湖沿岸或沼泽地带，主要在水中摄取动物性食物。雏鸟为半晚成鸟。

（一）鹳科　[Ciconiidae]

大型涉禽。嘴粗壮而长直侧扁，基部厚、尖端逐渐变细。鼻孔裂缝状，鼻沟不发达。翅长而宽。尾短圆。腿长，胫下部裸出，跗蹠具网状鳞，前三趾基部有蹼相连，中趾爪无栉缘。两性同色。营巢于大树、岩石峭壁和高大建筑物，巢宽大，用树枝编制而成。

摄影：孙虎山

1. 东方白鹳 ［Oriental Stork，*Ciconia boyciana*］

形态特征 体长 105 cm，大型涉禽。嘴粗长，基部较厚，坚硬且微翘，黑色。虹膜褐白色。眼周、眼线和喉部的裸露皮肤朱红色。全身羽毛大都白色。头颈被羽，前颈下部和胸部羽毛呈长针形，求偶期间立起。飞羽黑色，初级飞羽基部白色，内侧初级飞羽和次级飞羽外翈羽缘灰白色，小覆羽和中覆羽白色，小翼羽、大覆羽、初级覆羽黑色。腿甚长，橘红色。

习性与分布 栖息于水库、河流、湖泊等生境。除了在繁殖期成对活动外，其他季节大多组成群体活动。常在沼泽、湿地、塘边涉水觅食，喜岸边漫步或伫立水边等待食饵，休息时常单腿或双腿站立于水边沙滩上或草地上，颈部缩成“S”形。主要以小鱼、蛙、昆虫等为食，偶尔也取食少量植物叶子、苔藓和种子等。旅鸟。4～5 月、9～10 月常见于外夹河莱山段至芝罘段、内外夹河汇合段、银湖等地。

东方白鹳/20170429 孙虎山摄于银湖

十、鲣鸟目　[SULIFORMES]

体形较大的游禽，雌雄羽色相同。嘴强壮或细长，近圆锥形，端部常钩曲。有喉囊以适应食鱼的习性。翼较长，飞行能力强。尾形不一。腿位于体后部，跗蹠短，全蹼足。晚成鸟。

(一)鸬鹚科　[Phalacrocoroacidae]

颈和体均细长。嘴形长，近圆锥形，稍侧扁，上嘴两侧有沟，尖端具钩，下嘴有小喉囊。鼻孔呈线状，多隐蔽在沟内。眼先、眼周、颏和喉部裸出。翅长，飞行力强。尾圆，形较长，尾羽12～14枚，羽轴挺硬。脚短，位于体后部，站立时身体接近垂直，借硬尾着地支撑身体。跗蹠侧扁无羽，趾稍平，后趾长，趾间有全蹼相连。栖息于海滨和淡水水域，善游泳和潜水。

摄影：孙虎山

1. 海鸬鹚 [Pelagic Cormorant, *Phalacrocorax pelagicus*]

形态特征 体长 70 cm，大型游禽。嘴细长黑色，嘴基内侧和眼周红褐色。眼部绿色，眼周及喉部皮肤裸露无羽。面部和喉部的裸皮呈褐色，并具有橙色小突起。头顶、枕部各有一簇铜绿色短冠羽（冬羽无），头侧具绿色金属光泽。全身羽毛呈黑色。下体体侧具有较大的白色斑块，飞行时明显。尾黑色，长圆形。脚黑色，短而粗，趾间具全蹼。

习性与分布 主要栖息于海洋中的近陆岛屿和沿海地带，也见于河口和海湾。常成群停息在露出海面的岩礁上和海岸悬崖中的突出部位，以及岩顶和峭壁间，有时多达数十只密集地站在一个小块的岩礁上。活动时多沿海面低空飞行，或在海岛附近海面游泳，并且频频地潜入水中觅食。有时也能见到少数个体在海岸附近的沼泽地带活动。主要以鱼类为食，也吃虾和其他甲壳类海洋动物。旅鸟。4～5 月、10～11 月常见于芝罘岛、崆峒岛、长岛等地。

海鸬鹚/20170419 孙虎山摄于芝罘岛

2. 普通鸬鹚 ［Gteat Cormorant, *Phalacrocorax carbo*］

形态特征 体长 90 cm，大型游禽。上嘴弯曲呈钩状、黑色，嘴缘和下嘴灰白色。虹膜翠绿色。眼先为橄榄绿色，缀以黑斑，眼下橙黄色。头、颈和羽冠黑色，具紫绿色金属光泽，并杂有白色丝状细羽。喉囊长、橄榄黑色，具有伸缩性，喉部白色羽形成宽带包围着裸露喉囊。上体黑色，两肩和翅具青铜色光彩。下体蓝黑色，缀金属光泽，下胁有白色斑块。跗蹠和趾黑色，趾间具蹼。

习性与分布 常栖息于海边、湖滨及河滩。常成小群或单独活动。休息时站在水边岩石或树上，呈垂直坐立姿势且久立不动，并不时扇动两翅，性不甚畏人。善游泳和潜水，游泳时颈向上伸得很直、头微向上倾斜，潜水时首先半跃出水面、再翻身潜入水下。飞行力很强，飞行时头颈向前伸直，脚伸向后，两翅扇动缓慢，飞行较低，掠水面而过。除迁徙时期外，一般不离开水域。主要食鱼类和甲壳类动物。旅鸟，少量冬候鸟。4～5 月、10～11 月常见于葡醍湾、鱼鸟河口和沁水河口等地。

普通鸬鹚/20180331 孙虎山摄于沁水河公园

十一、鹈形目 [PELECANIFORMES]

中大型涉禽。雌雄羽色大都相似。嘴长直，侧扁或平扁，先端较尖锐或呈匙状，鹈鹕科具嘴甲。眼先裸露。鼻孔小。颈细而长。翅较长。尾短小。三趾具蹼或四趾全具蹼。善于飞行，飞行时振翅频率较慢。喜结群生活。

(一)鹮科 [Threskiornithidae]

体形较大的涉禽。嘴细长而向下弯曲或先端扁平如匙状，嘴峰两侧各有一细狭的长形鼻沟，鼻孔位于其基部。脸部裸露，喉部有些种类裸出。飞行时颈伸直。尾长适中，尾羽 12 枚。胫上部有羽毛覆盖。趾较长，基部有蹼。两性羽色相同。

摄影：孙虎山

1. 白琵鹭　[Eurasian Spoonbill, *Platalea leucorodia*]

形态特征　体长 84 cm，大型涉禽。嘴黑色，长而直，上下扁平，先端黄色，扩大呈匙状，形如琵琶。虹膜红褐色。眼先、眼周、颏和上喉裸露部分黄色。全身体羽白色。繁殖期枕部具黄色长丝状饰羽，前颈下部染黄色。脚黑色，较长，胫下部无羽毛覆盖，四趾在同一平面上。

习性与分布　常栖于开阔平原和山地丘陵地区的河流、湖泊、水库、沼泽等淡水水域生境，有时也出现在河流入海口附近。喜成群活动，休息时常在岸边排成一直线形队，有时与其他鹭类等水鸟混群，性机警，难接近，受到惊吓后停止觅食，头颈伸直或飞走。主要取食虾、蟹、鱼及少量植物性食物。旅鸟。3～6 月、10～12 月见于内外夹河汇合段、银湖等地。

白琵鹭/20180514 孙虎山摄于内外夹河汇合段

（二）鹭科 ［Ardeidae］

小型至大型涉禽。体形纤瘦，羽毛稀疏而柔软，少数种两性异色。嘴侧扁而长直，呈长楔形，上嘴两侧各具一狭沟。眼先通常裸露。鼻孔呈椭圆形。枕部多具发状长羽。颈细长。肩部有成丝状的蓑羽，胸前有细长的矛状蓑羽。飞时缩颈伸脚，鼓翼缓慢。尾短小，尾羽 10 或 12 枚。脚较长且位于身体后部，趾细长，中趾长超过跗跖之半，四趾在同一平面上，趾基间微具蹼膜。栖息于河流、湖泊、沼泽等地，常在岸边浅水处捕食鱼类、甲壳类动物等。大树上或芦苇丛中营巢。

1. 黄苇鳽 ［Yellow Bittern，*Ixobrychus sinensis*］

形态特征 体长 32 cm，小型涉禽。雄鸟嘴黄色，嘴峰黑色。额和头顶黑色，眼先裸露处黄色。颏和喉白色，后颈棕红色，颈基部具大黑斑。背、腰及尾上覆羽灰色。肩部及翼上覆羽黄褐色，飞羽和尾羽黑色，飞行时飞羽与覆羽对比强烈。跗蹠黄绿色，爪褐色。雌鸟头顶栗褐色，背和胸有褐色和暗褐色纵纹。

习性与分布 常栖于芦苇丛、河流、水库等水域生境。常单独或成对活动，活动时间大都在清晨或傍晚，性机警。主要取食小鱼、虾、水生昆虫等。夏候鸟。5～10 月常见于夹河、鱼鸟河、辛安河、沁水河、黄金河、庙后水库、高陵水库、银湖和养马岛等多数淡水水域。

黄苇鳽/20170610 孙虎山摄于养马岛

2. 紫背苇鳽 ［Von Schrenck's Bittern, *Ixobrychus eurhythmus*］

形态特征　体长 33 cm，小型涉禽。雄鸟嘴黑褐色，基部黄色。虹膜黄色。额、头顶黑栗色，颏和喉黄色，自颏至前胸有一条黑褐色纵纹。上体几乎紫栗色，下体土黄色。翼上覆羽棕黄色，飞羽黑色。飞行时飞羽、翼上覆羽、背部三部位的颜色对比明显。尾羽黑褐色。脚淡黄绿色。雌鸟背、肩和两翼紫栗色杂以白色斑点，下体具黑栗色纵纹。

习性与分布　常栖于芦苇丛、稻田、水塘和沼泽等生境。单独活动，有时也结小群活动，性机警。飞行时振翅频率较慢。主要取食小鱼、虾、蛙和昆虫等。夏候鸟。4～9 月常见于内夹河福山段、辛安河繁荣庄段、鱼鸟河公园、沁水河公园、银湖和养马岛高尔夫球场小池塘等湿地。

紫背苇鳽(雌)/20170912 孙虎山摄于内夹河福山段

3. 栗苇鳽 [Cinnamon Bittern, *Ixobrychus cinnamomeus*]

形态特征 体长 41 cm，小型涉禽。雄鸟嘴黄色，嘴峰和尖端黑褐色。虹膜黄色，眼先黄色。颏、喉、两颊和前颈中央有一道黄黑相杂的纵纹。上体从头顶至尾栗红色。胸和腹暗黄色，杂以不明显黑褐色纵纹，两胁具黑白相间的斑点。尾下覆羽近白色。脚黄绿色。雌鸟上体暗栗红色，肩背部杂以白色斑点，胸部有黑褐色纵纹。

习性与分布 常栖于芦苇丛、河流、沼泽等生境。夜行性，多在清晨和黄昏活动。很少飞行，多在芦苇丛中行走，常单独或成对活动，性机警。主要取食小鱼、蛙、软体动物等动物性食物。夏候鸟。6～9 月常见于外夹河莱山段、内夹河福山段、内外夹河汇合段、辛安河繁荣庄段、沁水河公园、银湖等淡水环境苇丛中。

栗苇鳽/20170823 王宜艳摄于内外夹河汇合段

4. 夜鹭 ［Black-crowned Night Heron, *Nycticorax nycticorax*］

形态特征 体长 61 cm，中型涉禽，体形粗胖。嘴黑色，尖细呈长锥形。虹膜红色，眼部周围裸露部分绿色，眉纹短，白色。枕部具 2～3 枚长带状白色饰羽，颈较短。上体灰黑色，下体灰白色。头顶、肩、背黑绿色具金属光泽，腰及上体余部灰色，下体腹部白色。尾灰色，短圆。胫裸露部分、跗蹠黄色。亚成鸟上体褐黄色具白色斑点，下体淡黄色且具褐色纵纹。

习性与分布 常栖于平原、低山丘陵地区的河流岸边、芦苇丛等生境。白天常隐蔽休息，晨昏和夜间活动频繁。繁殖期常单独或成对活动，繁殖期结束后也常见成群活动。性机警。主要取食小鱼、虾、蛙及水生昆虫等动物性食物。夏候鸟，也见少量越冬种群。4～9 月常见于外夹河芝罘段至夹河口、内夹河福山段、夹河生态园、银湖等地。

夜鹭/20170628 孙虎山摄于外夹河芝罘段

5. 绿鹭 [Striated Heron, *Butorides striata*]

形态特征 体长 43 cm，中型涉禽。雄鸟嘴灰色，下嘴黄绿色，一道黑色线从嘴基部过眼下至脸颊，有的几达枕部。虹膜黄色，额、头顶及冠羽黑色且具绿色金属光泽，颏和喉白色。体呈深灰色，背及肩部披有狭长的铜绿色矛状羽，腰和尾上覆羽黑灰色。翼上覆羽黑灰色杂以黄白色斑、有明显的浅色羽缘。胸、两胁及腹部灰白色，尾下覆羽近白色。尾短而圆。跗蹠黄绿色，爪黑褐色。雌鸟颜色较暗，喉部具浅灰色斑点。

习性与分布 常栖于河流、湖泊、芦苇丛、沼泽等生境。性孤独、机警，常单独或成对活动，主要活动时间在晨昏或夜间。飞行速度较快，飞行高度较低。主要捕食小鱼、虾、蛙、水生昆虫等动物性食物。夏候鸟。5～10 月常见于辛安河繁荣庄段、夹河生态园、鱼鸟河公园、沁水河公园、金山港、逛荡河口等地。

绿鹭/20170611 孙虎山摄于辛安河繁荣庄段

6. 池鹭 ［Chinese Pond Heron, *Ardeola bacchus*］

形态特征 体长 47 cm，中型涉禽。嘴粗而直，黄色，尖端黑色，基部蓝色。虹膜黄色，眼部周围裸露皮肤黄色。冠羽呈长矛状，延伸至背部。雄鸟夏羽头、羽冠、后颈和胸部栗红色，背部暗蓝灰色，肩部紫红色，颏、喉、前颈、两翼、腰和腹部白色。尾短圆。胫部分裸露，跗蹠强健，脚和趾细长。冬羽上体褐色，头、颈和胸部具褐色纵纹。雌鸟体形较小，头、颈及背部色浅。

习性与分布 常栖于河流、水塘、湖泊等水域生境。单独或成小群活动，性较大胆，常站在浅水区觅食。主要取食小鱼、蛙、虾及水生昆虫等动物性食物，偶尔取食植物性食物。夏候鸟。5～8 月常见于外夹河老岚村段至芝罘段、内夹河福山段、夹河生态园、辛安河繁荣庄段、银湖、养马岛等湿地。

池鹭/20170507 孙虎山摄于外夹河芝罘段

7. 牛背鹭 [Cattle Egret, *Bubulcus ibis*]

形态特征 体长 50 cm，中型涉禽。嘴较其他鹭短，橙黄色。虹膜黄色，眼部周围裸露皮肤黄色，颈相对较短。全身羽毛分散成发枝状，繁殖期头、前颈和背中央饰羽橙黄色，背部饰羽黄色呈长矛状，冬季则无黄色饰羽，仅个别头部沾黄色。胸、腹、两翼、尾等其他部位白色。跗蹠和趾黑色。

习性与分布 常栖于水库、河流、湖泊、沼泽等水域生境。常单独或成小群活动于河滩或河岸草地，性较大胆，因常随牛群活动及有时取食牛背上的寄生虫而得名。休息时常站在树枝上，身体弯曲成“S”形。主要取食昆虫及蛙等小型动物，是唯一一种不捕食鱼类的鹭。夏候鸟。6～8 月常见于鱼鸟河公园、外夹河芝罘段、内夹河福山段、夹河生态园、银湖等地。

牛背鹭/20170508 孙虎山摄于外夹河芝罘段

8. 苍鹭 ［Grey Heron, *Ardea cinerea*］

形态特征　体长 92 cm，大型涉禽。嘴长而直，黄色。虹膜黄色，眼部周围裸露皮肤黄绿色，贯眼纹黑色，颏和喉白色，头顶两侧黑色，羽毛延长成冠羽。颈长，灰色，前颈有 2～3 列纵行黑色斑纹。上体灰色，下体白色。背、尾上覆羽灰色，肩部和颈基部均具灰色披针形矛状羽，肩部的蓑羽延伸至尾部，颈基部的延长至胸前。两胁灰色，胸和腹部白色，前胸两侧具黑色斑块。尾羽灰色。跗蹠和趾黄褐色，爪黑色。

习性与分布　栖息于入海口、河流、湖泊、水塘、沼泽、森林等生境。常成小群活动，有时与白鹭混群。休息时单脚站立不动，颈部弯曲。常在浅水区站立捕鱼，捕食动作快速敏捷。飞行振翅缓慢。主要取食鱼、虾、蛙及水生昆虫等。留鸟。终年常见于银湖、高陵水库、夹河、辛安河、鱼鸟河、沁水河、黄金河等淡水水域及其入海口滩涂和葡醍湾和养马岛等周边抛荒的鱼塘。

苍鹭/20170822 孙虎山摄于内夹河福山段

9. 草鹭 [Purple Heron, *Ardea purpurea*]

形态特征 体长 80 cm，大型涉禽，体蓝灰、黑及栗色。嘴长而尖，黄色，嘴峰褐色，嘴角至枕部有蓝黑色纵纹。虹膜黄色，眼部周围裸露皮肤黄绿色。额至枕部蓝黑色，枕部有两枚长辫状冠羽延伸至头后，颏和喉白色。颈细长，栗褐色，两侧有蓝黑色纵纹。背、腰和尾上覆羽灰褐色，飞羽黑色，背部两侧杂有红棕色。胸和上腹中央棕栗色，下腹蓝色，两胁灰色。尾暗褐色。腿部覆羽红棕色，胫部裸露部分黄绿色。亚成鸟无羽冠，背、肩和翼上覆羽暗褐色具红褐色宽羽缘。

习性与分布 栖息于平原或低山丘陵的湖泊、水库、河流、沼泽、芦苇丛等生境。常单独或成对活动，多在晨昏时间觅食，觅食时常长时间站立在浅水区静观水中。飞行时头部收缩在两肩中间，腿向后伸直，身体呈“Z”形。主要取食小鱼、虾、蛙、甲壳类等水生动物。夏候鸟。5～9 月见于内外夹河汇合段、夹河生态园、辛安河公园、银湖等地。

草鹭（亚成鸟）/20160913 孙虎山摄于内外夹河汇合段

10. 大白鹭 [Great Egret, *Ardea alba*]

形态特征 体长 95 cm，大型涉禽，嘴、颈、脚长，通体白色。繁殖期嘴黑色，嘴基黑绿色，眼先蓝色；非繁殖期嘴黄色，眼先黄色，贯穿嘴角的喙裂至眼后。虹膜淡黄色，眼部周围裸露部分黑色。肩背具纤细分散的蓑羽延伸至尾后，冬羽蓑羽脱落。胫部裸露部分淡粉红色，跗蹠和趾黑色。

习性与分布 栖息于河流、湖泊、水库、沼泽等生境。常单独或呈小群活动，有时与白鹭和中白鹭混群，性机警，受到惊吓后停止觅食，颈部伸直，站立不动或飞走。飞行时两翅振动缓慢，头缩至背部，颈向下弯曲，两脚向后伸直超过尾部。主要取食鱼、虾、蛙、甲壳类等动物性食物。夏候鸟，冬季偶见。3～10 月常见于银湖、高陵水库、庙后水库、龙泉水库、夹河、黄金河、逛荡河、辛安河、鱼鸟河、沁水河、汉河等淡水水域及其河流入海口潮间带滩涂。

大白鹭/20170507 孙虎山摄于外夹河芝罘段

11. 中白鹭 [Intermediate Egret, *Ardea intermedia*]

形态特征 体长 69 cm，中型涉禽，体形介于白鹭和大白鹭之间，通体白色。嘴较大白鹭粗，繁殖期嘴黑色，非繁殖期黄色而嘴尖黑色，嘴裂至眼下方。虹膜黄色，眼先黄色，眼先四周裸露部分绿色。繁殖期背部和前颈具长矛状白色蓑羽，背部蓑羽长至尾后，前颈蓑羽较短。腿部有羽毛覆盖，脚和趾黑色。

习性与分布 常栖于河流、湖泊、水库、沼泽等湿地生境。喜结群，常成对或成小群活动，有时与其他鹭类混群。觅食时在水边浅水区静止站立。飞行时身体呈"S"形。主要捕食鱼、虾、蛙、水生昆虫等。夏候鸟，冬季偶见。5～10 月常见于银湖、夹河、黄金河、逛荡河、鱼鸟河、辛安河、沁水河等淡水水域及其河流入海口。

中白鹭/20180516 孙虎山摄于内外夹河汇合段

12. 白鹭　[Little Egret, *Egretta garzetta*]

形态特征　体长 60 cm，中型涉禽，嘴、颈、脚长，体形比中白鹭小，通体白色。嘴黑色。虹膜黄色，繁殖期眼先粉红色，冬季黄绿色。繁殖期枕部具两枚长矛状冠羽，背部及前颈具蓑羽。腿和脚黑色，趾黄绿色。

习性与分布　栖息于河流、湖泊、水库、沼泽、沿海滩涂、芦苇丛等生境。喜结群，常呈小群或大群活动，有时也与其他鹭类混群。觅食于白天，觅食时单脚静止站立于浅水区，等待捕捉食物，性机警。飞行时双翅振动缓慢，颈部后缩，身体呈“S”形。主要取食小鱼、虾、蛙、昆虫等。夏候鸟，冬季偶见。3～10 月常见于夹河、黄金河、逛荡河、鱼鸟河、辛安河、沁水河、汉河、银湖、高陵水库和龙泉水库等淡水水域，秋季常集群觅食于河流入海口及葡醍湾、金山港和八角湾等退潮后的滨海潮间带滩涂。

白鹭/20170414 孙虎山摄于鱼鸟河口

13. 黄嘴白鹭 ［Chinses Egret, *Egretta eulophotes*］

形态特征 体长 68 cm，中型涉禽，体形似白鹭，通体白色。繁殖期嘴橙黄色，眼先蓝色；非繁殖期嘴暗褐色，下嘴基部黄色，眼先黄绿色。虹膜淡黄色。繁殖期头顶至枕部有多枚细长白羽组成的丛状羽冠，背和肩有蓑状长羽，向后延伸超出尾端，前颈基部的蓑羽垂至下胸，冬季无饰羽。尾短。跗蹠和脚黑色，趾黄色。

习性与分布 栖息于河流、水库、湖泊、沼泽、沿海潮间带滩涂等生境。常单独、成对或成小群活动。觅食时在浅水区缓慢涉水或静止不动紧盯水中。飞行时，颈向下弯曲，脚向后伸直超出尾部。主要捕食小鱼、虾、水生昆虫等。夏候鸟。4～10 月常见于鱼鸟河、辛安河、沁水河、夹河等河流的入海口及葡醍湾潮间带滩涂。

黄嘴白鹭/20180814 王宜艳摄于沁水河口

十二、鹰形目　[ACCIPITRIFORMES]

食肉性昼间活动的猛禽。体形大小差异大，一般雌鸟体形大于雄鸟。上颌较下颌长，嘴强大弯曲成钩状且锐利，具有蜡膜，鼻孔位于蜡膜上。体羽多为暗色。翅强大、短而阔，善翱翔。脚趾强壮有力且具弯曲利爪，爪大多为黑色。多在高树或悬崖上营巢，幼鸟属晚成鸟。

摄影：孙虎山

(一)鹗科　[Pandionidae]

为水域环境中的猛禽。嘴弯曲，鼻孔狭长，双眼较其他猛禽前视。头羽呈鳞片状，成体具有白色羽毛。翅尖较长，第三枚初级飞羽最长，第一枚初级飞羽与第五枚初级飞羽几等长。外趾能向后转动形成对趾型，趾底和跗蹠后缘具有突刺，爪强而锐利，特别弯曲，4 爪几等长，适于捕捉水中鱼类。

1. 鹗 [Osprey, *Pandion haliaetus*]

形态特征 体长 55 cm，中型猛禽。嘴黑色，蜡膜暗蓝色，虹膜黄色，黑褐色的宽贯眼纹延伸到枕部。头具白色羽冠，前额、头顶白色并具有褐色的纵纹，颏与喉白色有暗褐色细羽干纹。上体暗褐色，胸具有黄褐色粗纹，下体白色。飞羽黑褐色，飞翔时两翅狭长且不能伸直，翼下覆羽大都为白色且于翅间具有黑色条带。尾部为扇形，尾羽淡褐色，除中央一对外均具有白色横斑。脚具白色被羽，跗蹠和趾近乎黄色。

习性与分布 栖息于各种水域的附近，常见于江河、湖泊、水库和海滨、沼泽地带。主要以鱼类为食。常在空中翱翔，或在水边大树上静立停歇，有时空中定点振翅，俯冲水中捕食鱼类。性机警，经常单独或成对活动。旅鸟。4～5 月、8～10 月常见于夹河口、金山港、银湖、芝罘岛等地。

鹗/20171014 孙虎山摄于大黑山岛

(二)鹰科 [Accipitridae]

体形大小差异很大。嘴短、强大、尖而弯曲呈钩状，上嘴两侧无齿突而具弧状的锤突，个别具双齿突。鼻孔椭圆形，嘴基部被蜡膜或须羽。体羽为黑褐色或灰褐色。翅短且阔并且有力，多善于翱翔。尾羽形状不一为 12 枚或 14 枚。脚

趾粗壮有力且具有利爪。以中小型动物尤其是啮齿动物为主要食物，栖息或活动环境多样，一般筑巢于岩崖缝隙、乔木顶端或草丛中地面隐蔽处。

1. 黑翅鸢　［Black-winged Kite，*Elanus caeruleus*］

形态特征　体长 30 cm，小型猛禽，雌雄鸟相似。嘴黑色，上嘴具有弧状垂，鼻孔裸露，蜡膜及嘴角亮黄色。眼先被须，具白色眉纹和黑色贯眼纹，眼周黑色，虹膜朱红色。头顶白灰色。通体灰白色至灰色。上体蓝灰色，下体白色。翼上小覆羽黑亮而形成一长条状黑色斑块，初级覆羽、大覆羽和次级飞羽皆烟灰色，初级飞羽黑色，飞行时常悬停。尾下覆羽、体下、腋下、翼下覆羽均白色。跗蹠和趾深黄色。

习性与分布　栖息于中低山丘陵开阔的荒草地、灌木丛、稀疏的树林和林缘地带及芦苇荡等湿地环境。常见单个飞翔于田野和稀疏的树木上空，也栖息在电线杆和树木顶端，不善鸣叫，有时飞行较低。主要捕食鼠、蛇、蛙、野兔、小鸟等小型动物。冬候鸟。9 月至次年 4 月常见于高陵水库、龙泉水库、银湖、鲁大山等地。

黑翅鸢/20170117 孙虎山摄于高陵水库

2. 凤头蜂鹰 [**Oriental Honey Buzzard**, ***Pernis ptilorhynchus***]

形态特征 体长 58 cm，中等猛禽，雌鸟较雄鸟大，色型变化大。嘴黑色且基部较淡，上嘴侧端无齿突。虹膜金黄色。喉部白，上有黑色的中央斑纹。头部小，颈长，头顶暗褐色，头侧具较为厚密的短而硬的鳞片状羽毛，头的后枕部通常具短的不明显黑色羽冠。上体黑褐色，下体为棕褐色，具淡红褐色和白色相间排列的横带和粗著的黑色中央纹。翅圆，端部黑褐色。尾圆形，尾灰色且尾基白色，尾羽有 3～6 道黑褐色或灰白色横斑。两脚灰黄色且覆羽，跗蹠前缘具盾状鳞，后缘具网状鳞。

习性与分布 栖息于稀疏针叶林和针阔叶混交林、果园、村落、草原等地区。经常单独活动，飞行较为灵活，呈缓慢滑翔，边飞边叫，迁徙季节可成小群。主要以黄蜂、胡蜂、蜜蜂和其他蜂类为食，也吃其他昆虫和昆虫幼虫，偶尔也吃小的蛇类、蜥蜴、蛙、鼠类、鸟、鸟卵和幼鸟等动物性食物。旅鸟，少量夏候鸟。4～5 月、8～10 月常见于昆嵛山、围子山、朱雀山、岱王山、塔山、鲁大山、芝罘岛、养马岛等地。

凤头蜂鹰/20180818 孙虎山摄于昆嵛山

3. 白腹隼雕　[Bonelli's Eagle, *Aquila fasciata*]

形态特征　体长 70 cm，体形中等以上的褐色猛禽。嘴蓝黑色、尖端黑色，鼻孔椭圆形。虹膜黄褐色。头无冠羽。上体暗褐色，颈侧和肩部的羽缘灰白色。飞羽灰褐色，内侧的羽片上有呈云状的白斑。下体白色，沾有淡栗褐色，胁部具有矢状或滴状的纵斑纹。飞翔时翼下覆羽黑色，飞羽下面白色而具波浪形暗色横斑与白色的下体和翼缘形成对比。尾羽较长、灰色，上面具有 7 道不甚明显的黑褐色波浪形斑和宽阔的黑色端斑，尾下覆羽有淡褐色横斑。跗蹠被羽，褐色且基部白色。

习性与分布　繁殖期主要栖息于低山丘陵和山地森林中的悬崖和河谷岸边的岩石上，尤其是富有灌丛的荒山和有稀疏树木生长的河谷地带，非繁殖期在海岸、河谷、山脚平原、沼泽、甚至半荒漠地区活动。主要以鼠类、小鸟、蛇类和大型昆虫为食。性孤独而凶猛。不善鸣叫，叫声尖厉。旅鸟。9～10 月常见于芝罘岛、大黑山岛等地。

白腹隼雕/20170918 孙虎山摄于南长山岛黄山

4. 赤腹鹰 [Chinese Sparrowhawk, *Accipiter soloensis*]

形态特征 体长 33 cm，小型猛禽。嘴灰色且端部为黑色，蜡膜橘黄色。眼暗红色或橘黄色。喉乳白色。上体灰褐色，头部较深，头至背为蓝灰色，后颈和肩羽均为白色。初级飞羽黑褐色，次级飞羽暗灰色，内侧飞羽具白斑。飞行时，翅下白色，仅飞羽外缘黑色。胸和两胁粉棕色，下胸具不明显的横斑，下腹为黄白色。中央尾羽灰黑无横斑，外侧尾羽具不明显黑色横斑。覆腿羽淡灰色，腿上也略具横纹，跗蹠和趾为黄色。

习性与分布 栖息于山地森林、林缘地带、低山丘陵、山麓平原地带的小块丛林、农田地缘和村庄附近。休息时多停息在树木顶端或电线杆上。常单独或成小群活动。繁殖期叫声活跃。主要捕食蛙类，也吃蜥蜴、大型昆虫和小型鸟类。夏候鸟。5～10 月常见于昆嵛山、围子山、朱雀山、岱王山、塔山、鲁大山等地。

赤腹鹰/20180511 王宜艳摄于围子山

5. 松雀鹰 ［**Besra, *Accipiter virgatus***］

形态特征 体长 33 cm，小型猛禽。嘴铅蓝色，端部黑色，蜡膜灰色。虹膜黄色，眼先白色。头顶至后颈石板黑色，头顶缀有棕褐色。颏和喉部白色且具有显著的黑褐色中央条纹，头侧、颈侧和其余上体暗灰褐色。初级飞羽黑褐色，次级飞羽青灰色，内翈具深褐色横斑。胸和两肋白色沾棕，具宽而粗著的灰栗色横斑。腹白色，具灰褐色横斑。尾羽灰褐色具 4～5 道黑褐色横斑，尾下覆羽纯白色，具乳黄色横斑。覆腿羽白色，具灰褐色横斑，脚和趾黄色，中趾大于内趾2 倍，跗蹠前后缘均具靴状鳞。

习性与分布 栖息于针阔叶混交林的森林中。常单独或成对在林缘和丛林边等较为空旷处活动和觅食。主要以各种小鸟为食，也吃蜥蜴、昆虫和小型鼠类等。性机警，叫声尖厉，飞行迅速，亦善于滑翔。旅鸟。4～5 月、9～10 月常见于昆嵛山、围子山、朱雀山、岱王山、塔山、鲁大山等山区。

松雀鹰/20171028 孙虎山摄于围子山

6. 雀鹰 ［Eurasian Sparrowhawk, *Accipiter nisus*］

形态特征 体长雄鸟 32 cm，雌鸟 38 cm，小型猛禽。嘴黑且基部青灰，蜡膜黄绿色。眉纹白色，虹膜黄色，眼先灰色，具黑色刚毛。雄性额、头顶和后颈青灰色，面颊棕红色；颏和喉部具有褐色羽干纹。上体自背至尾上覆羽暗灰色。下体白色，胸、腹和两胁具栗色细横斑。翅下覆羽和腋羽白色或乳白色，具暗褐色细横斑。尾上覆羽羽端有时缀有白色，尾羽灰褐色，具灰白色端斑和较宽的黑褐色次端斑及 4～5 道黑褐色横斑，最长的尾下覆羽和肛周为白色，常缀不甚明显的淡灰褐色斑纹。跗蹠与趾与松雀鹰相似。雌性上体偏褐色，脸颊棕色较淡。

习性与分布 栖息于针叶林、阔叶林或针阔叶混交林等山地森林和林缘地带。喜在高山幼树上筑巢。主要以小型鸟类和鼠类为食。常单独活动，长时间飞行很少停息，飞翔敏捷，可旋飞，善低飞。视力敏锐。旅鸟。4～5 月、9～10 月常见于昆嵛山、围子山、朱雀山、岱王山、鲁大山等低山以及高陵水库、银湖、外夹河上游等附近的开阔地。

雀鹰/20171002 孙虎山摄于鲁大山

7. 苍鹰　［Northern Goshawk, *Accipiter gentilis*］

形态特征　体长 56 cm，属中型猛禽。嘴黑色且基部沾蓝，蜡膜黄绿色。虹膜金黄色，眉纹白色并具黑色羽干纹，耳羽黑色。颏、喉和前颈白色具黑褐色细纵纹，前额、头顶、枕部和头侧黑褐色，枕部带有白羽尖，颈部羽基为白色。从上背到尾部均为灰褐色。飞羽有暗褐色的横斑，内翈具有白色的斑块，飞行时，双翅宽阔，翅下白色且密布明显的黑褐色横带。胸、腹、两胁和覆腿羽都布满着较细的灰褐色和白色相间的横纹。尾为方形，具 4 条宽阔的黑色横斑，尾下覆羽和肛周都为白色，并带少许褐色的横斑。脚黄色，跗蹠前后缘均具盾状鳞。

习性与分布　栖息于山麓平原和丘陵的疏林、林缘、灌丛地带。常单独活动。空中飞行时滑行与鼓翼交替进行。叫声响沉，视觉敏锐。主要以鼠类和野兔为食。旅鸟，少量冬候鸟。3～5 月、9～11 月常见于昆嵛山、围子山、朱雀山、塔山、鲁大山等山区，冬季见于高陵水库、银湖等较大型水库的周边开阔地。

苍鹰/20170902 孙虎山摄于鲁大山

8. 白尾鹞 [Hen Harrier, *Circus cyaneus*]

形态特征 体长 50 cm，具白色腰的中型猛禽。嘴黑色基部蓝色，蜡膜黄绿。虹膜黄色，眼先具黑须，颊和耳羽带有黑褐色，后枕羽端稍点缀有黑褐色。雄性体羽主要为蓝灰色，头和胸暗灰色，腰和尾上覆羽白色，腹、两胁和翅下覆羽白色。翅尖黑色，次级飞羽内翈白色，羽端沾黑褐色，三级飞羽灰褐色，大、中覆羽银灰色。飞翔时，从上面看，蓝灰色的上体、白色的腰和黑色翅尖形成明显对比，常贴地面低空飞行，滑翔时两翅上举成"V"形，并不时地抖动。中央一对尾羽银灰色，外侧尾羽的银灰色由中央向两侧逐渐减少而呈现出污白色，尾羽具 5～6 道灰褐色波形横斑。雌鸟上体暗褐色，头至颈和翅覆羽具有棕色羽缘，腰和尾上覆羽白色。下体皮黄白色或棕黄褐色，并带有显著棕褐色纵纹。尾羽灰褐色。脚黄色。

习性与分布 栖息于平原和低山丘陵地带，尤其是平原上的湖泊、沼泽、河谷、草原、荒野以及低山、林间沼泽和草地、农田、沿海沼泽和芦苇塘等开阔地区。主要以小型鸟类、鼠类、蛙、蜥蜴和大型昆虫等动物性食物为食。常单独活动。叫声尖锐悠远。冬候鸟。10 月至次年 3 月常见于高陵水库、银湖、金山港、昆嵛山等的周边开阔地。

白尾鹞(雌)/20170207 孙虎山摄于高陵水库

9. 黑鸢 [Black Kite, *Milvus migrans*]

形态特征 体长 60 cm，具浅叉形尾的中型猛禽。嘴黑色，较粗大，下嘴基部淡黄沾绿，蜡膜黄色。虹膜暗褐色。前额基部和眼先灰白色，眼周和耳羽黑褐色，顶至后颈棕褐色，具黑褐色羽干纹。体羽主要为黑褐色。上体黑褐色，微具紫色光泽和不甚明显的暗色细横纹和淡色端缘。下体羽棕色，除腹部外都具有明显的纵纹。翅尖长，初级飞羽外侧飞羽内翈基部白色，飞翔时，飞羽基部白色形成的翅下斑块极为显著；次级飞羽暗褐色，具不甚明显的暗色横斑。尾棕褐色且细长，呈浅叉状，尾上有 8～10 条深褐色横斑，尾端具淡棕白色羽缘。脚和趾黄色或黄绿色。

习性与分布 栖息于开阔平原、草地、荒原和低山丘陵地带，也常在城郊、村庄、田野、港湾、湖泊上空活动，偶尔也出现在 2000 m 以上的高山森林和林缘地带。主要以小鸟、野鼠、蛙、昆虫及动物尸体为食。性独，叫声尖锐悠远。分布比较广泛。旅鸟，少量留鸟。4～5 月、9～10 月常见于昆嵛山、围子山、朱雀山、塔山、岱王山、鲁大山及其周边山区。

黑鸢/20170902 孙虎山摄于鲁大山

10. 灰脸鵟鹰 ［**Grey-faced Buzzard,*Butastur indicus***］

形态特征 体长 45 cm,中型猛禽。嘴黑色,基部和蜡膜橙黄色。虹膜黄色,眉纹白色,眼先白色,颊和耳羽灰色。头顶灰褐色,喉部白色且中央具较宽的黑褐色中央纵纹(喉纹),髭纹黑褐色,后颈羽基白色。上体暗褐色沾棕,具暗色纤细羽干纹。胸部以下为白色,具有较密的棕褐色横斑。飞羽棕褐色,外翈和羽端为黑褐色,具有黑斑,腋羽为灰白色且具稀疏的横斑,翼下覆羽白色。尾羽灰褐色,带有 3～4 条黑褐色带斑,尾上覆羽白色并具有暗褐色横斑,尾下覆羽白色。跗跖和趾为黄色。

习性与分布 主要栖息在针阔叶混交林和阔叶林等山地,非繁殖期出现在林缘、丘陵、草地、农田等开阔地带。主要以小型蛇类、蛙类、蜥蜴、鼠类和小鸟等动物性食物为食。旅鸟,少量夏候鸟。5～6 月、9～10 月常见于昆嵛山、围子山、朱雀山、塔山、鲁大山及其周边山区。

灰脸鵟鹰/20170928 孙虎山摄于昆嵛山

11. 毛脚鵟 ［Rough-legged Hawk，*Buteo lagopus*］

形态特征 体长 54 cm，中型猛禽。嘴黑褐色，蜡膜淡黄色。虹膜褐色。前额、头顶直到后枕均为乳白色或白色，并具褐或黑褐色细纵纹。颏、喉和胸部近白色具有细密的褐色纵纹。上体灰褐色或暗褐色，羽缘白色。翅上覆羽褐色，大覆羽、中覆羽和初级覆羽内翈具有白斑，翼角具黑斑。腋羽、翅下覆羽白色，具褐色斑。飞翔时飞羽基部的白色和黑色形成鲜明对比。下背和肩部常缀近白色的不规则横带，腰暗褐色。腹部和两肋具有显著的褐色斑纹。尾圆而末端不分叉，尾羽白色，末端具有黑褐色宽斑，尾下覆羽纯白或乳黄色无斑。覆腿羽、跗蹠羽白色，有褐点斑，跗蹠被羽到趾基。

习性与分布 栖息于低山丘陵、林缘地带、稀疏的针阔混交林和原野、耕地等开阔地带。主要以鼠类、小鸟和野兔等为食。单独活动，叫声尖锐。旅鸟。9～10 月常见于鲁大山、昆嵛山、南长山岛黄山、大黑山等山区。

毛脚鵟/20171012 孙虎山摄于大黑山

12. 大鵟 [Upland Buzzard, *Buteo hemilasius*]

形态特征 体长 60 cm，中型猛禽。嘴黑褐色，蜡膜黄绿色。虹膜黄色。羽色多变，分为淡色型、中间型、暗色型。淡色型头顶和后颈白色，具褐色羽干纹，头侧白色，眼先淡黑，有棕褐色髭纹。上体淡褐色，具有淡棕色羽缘和白色羽干纹。下体大都棕白色，上腹和两胁有块斑。尾羽灰褐色，有 7～8 条暗色横斑。肛周和尾下覆羽为白色。覆腿羽和跗蹠羽均为白色。中间型体羽以暗棕色为主。暗色型全身为暗褐色。眼先灰黑，眉纹黑色。背、肩、翅上覆羽淡褐色，初级飞羽基部黑褐。腹部两胁有粗的棕褐色的斑。尾羽灰褐，具数条褐、白色相同的横斑。跗蹠粗壮被长羽。

习性与分布 主要栖息于山地、山脚平原和草原等地区，也出现在高山林缘和开阔的山地草原与荒漠地带，垂直分布高度可以达到 4000 m 以上的高原和山区。主要以啮齿动物、蛙、蜥蜴、野兔、蛇、鼠兔、雉鸡、石鸡、昆虫等动物性食物为食。性凶猛且机警。喜停歇在高树或高凸物上。冬候鸟，旅鸟。10 月至次年 4 月常见于昆嵛山、朱雀山、围子山、鲁大山及其周边山区。

大鵟/20171105 孙虎山摄于围子山

13. 普通鵟 ［Eastern Buzzard, *Buteo japonicus*］

形态特征　体长 55 cm，中型猛禽。体色变化较大，分为浅棕色型和深棕色型。嘴基部灰色，末端黑色，蜡膜黄色至褐色。跗跖无被羽。深棕色额，眼先白色，眉纹黑色，髭纹黑色，颏和喉黄色并带有棕褐色，头部褐色，有黑暗色纵纹。上体主要为暗褐色，上背和腰褐色，下背至尾为栗色，两翅和肩羽褐色，羽缘灰褐。下体主要为暗褐色，具深棕色横斑或纵纹。尾羽暗褐色，并带有 4～5 条不显著的黑褐色斑纹，羽端灰褐色。覆腿羽淡黄色具棕褐色横斑。浅棕色喉具有淡棕色的纵纹，羽缘和内侧羽毛白色。上体灰褐色，背部和肩为棕黄色，两翅为棕褐色。下体棕黄色，胸和两胁带有棕黄色的粗纹，腹部和覆腿羽均具有棕褐色的横斑。飞翔时两翼宽阔，两种色型初级飞羽基部都有明显的白斑，翼下白色，仅翼尖、翼角和飞羽外缘黑色（浅色型）或全为黑褐色（深色型），尾散开呈扇形；翱翔时两翅微向上举成浅“V”形。

习性与分布　栖息于山地森林和林缘地带，从海拔 400 m 的山脚阔叶林到 2000 m的混交林和针叶林地带均有分布，常在开阔平原、荒漠、旷野、开垦的耕作区、林缘草地和村庄上空盘旋翱翔。主要以鼠类为食。性机警且视觉敏锐。冬候鸟，旅鸟。10 月至次年 3 月常见于昆嵛山、围子山、朱雀山、岱王山、塔山、鲁大山及其周边山区。

普通鵟/20171021 孙虎山摄于昆嵛山

十三、鸮形目 [STRIGIFORMES]

多为夜行性猛禽，体形大小不一。头大而形宽，脸一般呈盘状，眼大，位于面盘中，适于前视。喙坚强而钩曲，嘴基蜡膜多为硬须掩盖。耳孔周缘具耳羽，有助于夜间分辨声响与定位。翼大都宽圆柔软，飞翔时无声音；初级飞羽 11 枚，仅 10 枚发达，有的种类最外侧初级飞羽外翈有栉缘；第四、五枚次级飞羽间断排列。尾短圆，尾羽 12 枚，有时仅 10 枚。脚强健有力且被羽，第四趾能向后转动成对趾足，以利攀缘，爪强锐弯曲，通常内爪最长。尾脂腺裸出。善捕鼠，营巢于树洞或岩隙中。两性相似，雌鸟大于雄鸟，雏鸟晚成型。

（一）鸱鸮科 [Strigidae]

摄影：孙虎山

小型至大型猛禽，雌鸟大于雄鸟。头部宽大，颈部较短。喙坚强而钩曲，基部有蜡膜，被硬羽覆盖。眼大并位于前方，眼周有放射细羽构成的圆形面盘，有些种类面盘不显著或缺失。耳孔位于面盘两侧，高低不一且耳孔特大，周缘具有耳羽或皱襞。头顶有或无耳状簇羽。体羽松散而柔软。背面色暗淡似树皮状或有虫蠹纹。翼宽圆，最外侧飞羽外缘呈梳状，初级飞羽 11 枚，第五枚次级飞羽缺如，飞行时无声音。腹面色淡，具有纵斑或横斑，胸骨下缘具 4 个凹陷。尾短圆，尾羽 12 枚，有时仅 10 枚。腿较短，脚强健有力，常全部被羽，第四趾能向后反转，以利攀缘，爪大而锐。尾脂腺裸出。

1. 红角鸮 [Oriental Scops Owl, *Otus sunia*]

形态特征 体长 20 cm，小型夜行性猛禽，分灰褐色型和棕栗色型。嘴近黑色，先端色淡。眼大，虹膜黄色，面盘灰褐色，边缘有黑褐色纹。耳状羽簇突出，眉至耳羽淡褐色，基部棕色，领圈淡棕色。上体灰褐色(或红棕色)，有黑褐色虫蠹状细纹。头顶至背和翅覆羽杂以棕白色斑，肩部有 3 块白斑，后颈有一道不明显的淡色横带。飞羽大部黑褐色，翅外侧覆羽、初级飞羽内翈有白斑。下体大部红褐至灰褐色，有暗褐色纤细横斑和黑褐色羽干纹。尾羽灰褐色，尾下覆羽白色。脚和趾均具有短羽。

习性与分布 主要栖息于山地林缘、林中空地、近河流的树林等处。主要以昆虫、鼠类、小鸟为食。筑巢于树洞中。繁殖期雄鸟鸣叫为 3 音节，受惊时身躯僵直，耳羽竖起，眼半张呈警戒状态。分布较广。夏候鸟，旅鸟。夏季见于内夹河周边林地，秋季迁徙季在大黑山岛常见。

红角鸮/20171012 孙虎山摄于大黑山岛

2. 纵纹腹小鸮 ［Little Owl, *Athene noctua*］

形态特征 体长 23 cm，小型夜行性猛禽。嘴黄绿色，眼亮黄而能长凝不动，眉纹白色。面盘污白色，缀褐色细条纹，面盘下须羽形成白色宽髭纹。无耳羽簇，头顶平，浅褐色有白斑。上体羽沙褐色，具浅色的圆形斑点，肩上有两条白色或皮黄色的横斑。下体白色，具褐色杂斑及纵纹。尾羽褐色且有数道浅黄色窄横斑。跗蹠被白色羽，趾裸露淡黄色，爪黑褐色。

习性与分布 主要栖息在山地丘陵地带、山村或河流附近的树林间。主要以野生鼠类、小鸟和一些大型昆虫为食。昼伏夜出，筑巢于天然树洞、石洞或废弃巢穴。留鸟。夏季常见于夹河流域等周边开阔地。

纵纹腹小鸮/20170728 孙虎山摄于内蒙古托克托

3. 长耳鸮　[Long-eared Owl, *Asio otus*]

形态特征　体长 36 cm，中型夜行猛禽。嘴铅灰色，尖端黑色。虹膜橙黄色，喙基至眉线白色，眼内侧和上下缘具黑斑。面盘显著，中部污白色杂有黑褐色，两侧棕黄色，边缘黑色。耳羽长，中间黑褐色，两侧棕黄色，内翈边缘有一棕白色斑。上体棕黄色具粗黑褐色羽干纹，肩羽在羽基处沾棕色，外翈近端处有棕色至棕白色圆斑，上背棕色较淡，往后逐渐变浓，羽端黑褐色斑纹亦多而明显。下体皮黄色，具褐色纵纹或斑块，上腹和两胁羽干纹较细并从羽干纹分出细枝，形成树枝状的横斑，羽端白斑亦更显著。尾羽基部棕黄色，端部灰褐色，具 7 道黑褐色横斑，外侧尾羽横斑更为细密。尾上覆羽棕黄色，具黑褐色细斑。尾下覆羽棕白色，较长的尾下覆羽白色而具褐色羽干纹。跗蹠和趾被羽，棕黄色，爪暗黑色。

习性与分布　主要栖息于溪河或空旷草地旁的各种森林类型中。主要以鼠类等啮齿动物为食，也吃小型鸟类、哺乳类和昆虫。白天多躲藏在树林中，常垂直栖息在树干近旁侧枝上或林中空地草丛中，黄昏和晚上才开始活动。平时多单独或成对活动，迁徙期间则成群活动。旅鸟。9～10 月见于内夹河、外夹河等流域周边林地，大黑山岛常见。

长耳鸮/20171013 孙虎山摄于大黑山岛

十四、犀鸟目 [BUCEROTIFORMES]

大型或中型攀禽。喙突出延长，下弯，喙基顶部具或不具盔突。翼宽圆，大都有黑或白翅斑。尾较长或适中，多圆形或方形，尾羽 10 枚。腿短而强，并趾足，4 趾 3 前 1 后，前趾基部多少并连。两性相似或不相似，营洞巢，雏鸟晚成。其中的戴胜科分布于欧亚大陆和非洲，犀鸟科主要分布于非洲和亚洲南部。

(一)戴胜科 [Upupidae]

体形中等大小，雌雄相似。头顶具明显的扇状羽冠，嘴细长而向下弯曲。体羽土棕色有黑白斑。翼形短圆，初级飞羽 10 枚，次级飞羽较长。尾近方形，适长，尾羽 10 枚。跗蹠裸露，第三、四趾基部并连，后爪特长。多栖息于开阔的生境，喜地面取食昆虫。营巢于树洞、壁洞内，双亲共同孵卵及育雏，雏鸟晚成。分布于欧亚大陆和非洲。

摄影：孙虎山

1.戴胜 ［Common Hoopoe,*Upupa epops*］

形态特征 体长 30 cm。嘴黑色,长而下弯。虹膜褐色。冠羽粉棕色、尖端黑色,收拢时丝状,展开时扇形。头、颈、上背及下体粉棕色,腰白色,腹及两胁由淡棕转为白色,并杂有褐色纵纹,至尾下覆羽全为白色。翅具黑白相间的带斑。尾黑色,中间具白色横带。脚黑色。

习性与分布 多在林缘地带的草地上或耕地中单独或成对活动。常在地面上慢步行走,边走边把长长的嘴插入土中取食。停歇或在地上觅食时,羽冠张开如扇,遇惊后立即收贴于头上。鸣叫时羽冠一起一伏,喉颈部伸长而鼓起,头前伸,并一边行走一边不断点头。主要捕食積翅目、直翅目等昆虫和幼虫,也吃蠕虫等其他小型无脊椎动物。留鸟。四季常见于外夹河回里镇段至芝罘段、夹河生态园、夹河口、辛安河公园、鱼鸟河公园、养马岛、鲁大校园等市区各地。

戴胜/20180512 孙虎山摄于养马岛

十五、佛法僧目 [CORACIIFORMES]

色彩多而鲜艳的中小型攀禽。嘴形多样，直而强或细而弯。翼大而宽阔。尾短或适中，方形至凸形。跗蹠短，多为并趾足，趾前三后一，前趾基部多少并连。大多两性同色，土洞或树洞营巢，雏鸟晚成。食性多样，有的以昆虫等小动物为食，有的捕食鱼类，有的以果实为食。主要有蜂虎科、佛法僧科、翠鸟科等。

（一）佛法僧科 [Coraciidae]

中型攀禽。嘴强，基部较宽阔，上嘴先端略弯曲。嘴须存在或缺失。翼长而阔，初级飞羽 10 枚。尾羽 12 枚，尾形多样，平尾、凹尾或叉尾。尾脂腺裸出。跗跖短强，前缘被盾状鳞，后缘被网状鳞。前三趾分离，但趾间离动程度小。雌雄相似或相近。树栖，也到地面跳跃活动。

摄影：孙虎山

1. 三宝鸟　［**Dollarbird, *Eurystomus orientalis***］

形态特征　体长 30 cm。嘴朱红色，上嘴先端黑色。虹膜暗褐色。颏黑色，喉亮蓝色。头大而宽阔，头顶扁平。头至颈黑褐色，后颈、上背、肩、下背和腰暗铜绿色。飞羽深蓝色具白斑，飞行时显著。胸黑色沾蓝色，具钴蓝色羽干纹，其余下体蓝绿色。腋羽和翅下覆羽淡蓝绿色。尾黑色，缀有蓝色，基部与背相同，有时微沾暗蓝紫色。脚、趾朱红色，爪黑色。

习性与分布　常栖于近林开阔地的枯树上或电线上纹丝不动，偶尔起飞追捕过往昆虫，或向下俯冲捕捉地面昆虫，捕食后常返回原栖处。飞行缓慢或迅速，长长的双翼均匀而有节奏地上下摆动，有时又急驱直上或直下，或胡乱盘旋或拍打双翅，并不断发出单调而粗糙尖厉的“嘎嘎”声。主要捕食金龟子、蝗虫等昆虫。很少到地上觅食。夏候鸟。5～9 月常见于鲁大山、养马岛、围子山、朱雀山、昆嵛山等地。

三宝鸟/20170816 孙虎山摄于鲁东大学北校区

(二)翠鸟科 [Alcedinidae]

羽色艳丽或黑白斑醒目。嘴粗厚而长直,先端尖。头大,颈短。翼一般短圆,飞翔时鼓翼频繁。初级飞羽11枚,第一枚特别小。尾中等或短,中央尾羽常延长。尾脂腺被羽。跗蹠短弱,外趾和中趾大部分相并连,内趾与中趾仅在基节相并连。有林栖与近水栖两类。雌雄相似,营巢于树洞中。

1. 蓝翡翠 [**Black-capped Kingfisher**, ***Halcyon pileata***]

形态特征 体长30 cm。嘴形长大而尖,深红色,嘴峰圆钝。虹膜暗褐色。额、头顶、头侧和枕部黑色,喉、颈及胸部白色。上体亮丽蓝紫色,背羽蓝色有光泽。翼上覆羽黑色,飞行时初级飞羽可现大块白色斑。下体胸下覆羽橙棕色,两胁及臀棕色。尾短圆而钴蓝色,尾下黑色。脚和趾红色,爪褐色。

习性与分布 栖息于灌丛或疏林、水清澈而缓流的小河、湖泊以及灌溉渠等水域。性孤独,平时常独栖在近水边的树枝上或岩石上,伺机猎食,食物以小鱼为主,兼吃甲壳类和多种水生昆虫及其幼虫,也啄食小型蛙类和少量水生植物。夏候鸟。5~9月常见于外夹河莱山段至芝罘段、辛安河公园、鱼鸟河公园、养马岛等地。

蓝翡翠/20180603 孙虎山摄于辛安河公园

2. 普通翠鸟 [Common Kingfisher, *Alcedo atthis*]

形态特征 体长 15 cm。嘴形长大而尖，长圆锥形，黑色，基部红色。虹膜褐色，有橘黄色条带横贯眼部及耳羽，眼下和耳后颈侧白色。头大颈短，头顶布满暗蓝绿色和艳翠蓝色细斑，颏、喉部白色。上体金属浅蓝绿色，体羽艳丽而具光辉。体背灰翠蓝色，肩和翅暗绿蓝色，翅上杂有翠蓝色斑。翼短圆，翼尖长。下体胸部以下呈鲜明的栗棕色。尾圆而短小，深蓝色。脚短而红色，趾细弱。

习性与分布 栖息于有灌丛或疏林、水清澈而缓流的小河、溪涧、湖泊以及灌溉渠等水域。单独或成对活动，平时常独栖在近水边的树枝上或岩石上，伺机猎食。主要以浅水中的小鱼、虾和水生昆虫为食，遇不可消化的鱼骨可吐出。留鸟。四季常见于夹河、辛安河、鱼鸟河、沁水河、银湖等各淡水水域，有时也见于离河口较近的岩石海岸。

普通翠鸟/20180510 孙虎山摄于鱼鸟河口

十六、啄木鸟目 [PICIFORMES]

中小型树栖鸟类。嘴强硬而多为凿形。舌借特殊结构能远伸口外钩取昆虫。翼多短圆。楔形尾,少数为圆尾或平尾,尾羽多为12枚,少数10枚。脚短而强,跗蹠上端被羽,对趾足,具锐爪。大都树栖。两性多不相似,营巢树洞中,雏鸟晚成。

(一)啄木鸟科 [Picidae]

沿树干攀缘的中小型林栖鸟类。嘴强硬,长凿形。舌细长,能伸缩,有黏液,舌尖端有成排的小刺钩,适于取出木材深处的小虫。头大,颈细长。翼强大,颇圆。尾楔形或圆形,尾羽羽轴粗硬,羽毛末端羽枝坚挺,中央1~3对尾羽羽端呈叉形,凿木时有支撑身体的作用。脚稍短而强壮,对趾足型,跗蹠仅前端被盾状鳞。主食昆虫,凿树洞为巢。

摄影:孙虎山

1. 大斑啄木鸟 [Great Spotted Woodpecker, *Dendrocopos major*]

形态特征　体长 24 cm。嘴灰色;虹膜近红色。脸侧白色沾棕色并与额相连,黑色颊纹与颈侧黑纹相连。头顶黑色,雄鸟枕部具狭窄红色带而雌鸟无。体背黑色。翼黑色且具白色肩斑及多条白色横纹。下体白色,无纵纹,臀部红色。尾黑色。脚灰色。

习性与分布　栖息于山地及平原的各类林中。多在树干和粗枝上觅食。觅食时常从树的中下部跳跃式地向上攀缘,如发现树皮或树干内有昆虫,就迅速啄木取食,用舌头探入树皮缝隙或从啄出的树洞内钩取害虫。主要捕食甲虫、小蠹虫、蝗虫等各种昆虫及其幼虫,偶尔也吃橡实和草籽等植物性食物。常单独或成对活动,繁殖后期则成松散的家族群活动。留鸟。四季常见于夹河生态园、辛安河公园、鱼鸟河公园、南山公园、养马岛、鲁大山等各处林地。

大斑啄木鸟/20170211 孙虎山摄于鱼鸟河公园

2. 灰头绿啄木鸟 [Grey-headed Woodpecker, *Picus canus*]

形态特征 体长 27 cm。嘴黑色，下嘴基部黄绿色，嘴峰稍弯曲。虹膜呈不明显的红褐色。眉纹灰白色，眼先和颊纹黑色。头、耳羽、颈侧灰色，雄性头顶顶冠红色，雌性无红色斑。头顶、枕和后颈有黑色长条状斑。上体绿色，背和翅上覆羽橄榄绿色，腰及尾上覆羽绿黄色。飞羽黑色具白色横斑。下体灰色。尾黑色，中央尾羽橄榄绿色，外侧尾羽黑褐色具暗色横斑，尾下覆羽带黑褐色斑纹。脚铅灰色。

习性与分布 栖息于低山阔叶林、针阔叶混交林及城市园林。常单独或成对活动，很少成群。飞行迅速，成波浪式前进。常在树干的中下部取食，也到地面取食。主要捕食鳞翅目、鞘翅目、膜翅目等昆虫，偶尔也吃植物果实和种子。留鸟。四季常见于夹河生态园、辛安河公园、鱼鸟河公园、鲁大山等各处林地。

灰头绿啄木鸟/20180429 孙虎山摄于辛安河公园

十七、隼形目　[FALCONIFORMES]

体形中等或小型的昼行性猛禽。嘴短弯曲带钩，上嘴先端两侧各具单齿突，下嘴对应处有缺刻，上嘴基有蜡膜，鼻孔圆形，中间有柱状突。眼球较大，两眼侧置。颈短。体羽色较单调，多数为灰褐、棕褐或石板灰褐色，或灰白色混合斑纹羽色。翅稍长而狭尖且强健，飞行快速，善于在飞行中追捕猎物。尾较细长，尾羽形状不一，多数为 12 枚。腿短壮，脚和趾强健有力，爪弯曲锋利。

（一）隼科　[Falconidae]

体形中等或小型的日间活动的猛禽。喙比较短，上嘴先端弯曲，先端两侧有 1 枚齿突，下嘴对应处有缺刻。基部被蜡膜，鼻孔圆形，自鼻孔向内可见一柱状骨棍。髭纹明显。翅长而狭尖，扇翅节奏快。尾较细长，呈圆形或凸尾状，尾羽12 枚。跗蹠部短而粗壮，前缘大多具有网状鳞（除小隼），爪呈钩状且十分锐利，趾长，后趾短而有力。雌鸟大于雄鸟，雌雄同形或稍异，营巢于悬崖凹处、树洞及建筑物上。

摄影：孙虎山

1. 红隼 [Common Kestrel, *Falco tinnunculus*]

形态特征 体长 33 cm，小型猛禽，雄鸟和雌鸟体色有差异。嘴蓝灰色先端黑色，蜡膜黄色。虹膜褐色，眼圈黄色。雄鸟头顶、后颈和颈侧均为蓝灰色，前额、眼先和眉纹棕白色，眼下有一条垂直向下的黑色口角髭纹，颊和耳羽为灰色。上体大多为砖红色，各羽并带有暗褐箭矢状斑或滴点斑，腰和尾上覆羽蓝灰色。下体棕黄色并具黑色纵纹。尾羽蓝灰色并带有隐约的暗褐色狭横斑，具黑色次端斑。尾羽覆腿羽棕赤色，肛周和尾下覆羽为棕白色。脚和趾黄色，爪黑色。雌性头顶棕红色有黑细纵纹，上体羽为深棕红色，背部至尾上覆羽转为暗黑褐色并具粗而宽的横斑，尾羽表面棕红色，并且具有 9～12 条黑色横斑，下体棕黄色并具黑色斑点，其余与雄鸟相似。

习性与分布 栖息于山地和旷野中。多单个或成对活动。飞行较高、快速，善于在空中振翅悬停观察并伺机捕捉猎物。主要捕食大型昆虫、小型鸟类、青蛙、蜥蜴以及小哺乳动物。留鸟。分布范围很广，四季常见于市区各山地、河流湿地、公园及居民区等。

红隼/20180130 孙虎山摄于沁水河口

2. 红脚隼　［**Amur Falcon**, ***Falco amurensis***］

形态特征　体长 30 cm，小型隼类，雌雄体色有差异。嘴黄，先端黑色，蜡膜橙黄。虹膜暗褐，眼圈橙黄色。髭纹黑褐色。飞行时翼下色浅并具黑色点斑及横纹。雄鸟颏、喉、颈侧淡石板灰色。上体大都为石板灰色，腰部稍淡。胸和腹部淡石板灰色，胸部具有纤细的黑褐色羽干纹。下腹至臀为棕红色。尾上覆羽和尾羽石板灰色，内外翈无横斑。覆腿羽棕红色，跗蹠和趾橘红色。雌鸟头顶灰白色具黑色细纵纹，颏、喉、颈侧乳白色。上体大致暗灰色，具黑褐色羽干纹，下背、肩具黑褐色横斑。下体淡黄白色或棕白色，胸部具黑褐色纵纹，腹部中部具点状或矢状斑，腹部两侧和两胁具有黑色横斑，下腹至臀的棕红色浅于雄鸟。尾羽暗灰色有横纹，尾上近端斑宽。跗蹠和趾橙黄色，爪淡白黄色。

习性与分布　栖息于低山的林缘、山脚平原、沼泽、草原、山谷、农田等开阔地带。主要以蝗虫等昆虫、蜥蜴、蛙、鼠类和小型鸟类为食。旅鸟，居留期长。3～5 月、9～11 月常见于高陵水库、鲁大山、昆嵛山、塔山等地。

红脚隼（雌）/20161104 孙虎山摄于高陵水库

3. 燕隼 ［Eurasian Hobby，*Falco subbuteo*］

形态特征 体长 30 cm，小型隼类，雌雄体色相似。嘴铅蓝色，端部黑色，蜡膜黄绿色。虹膜暗褐色，眼圈黄色，眉纹细短白色。额、眼先乳黄色，颊部具垂直黑色宽髭纹。头顶灰黑色，颈侧及喉部白色。上体暗蓝灰色，具黑色细羽轴，无横纹。翅狭长而尖，折合时翅尖几乎到达尾羽的端部。飞翔时翼下为白色，密布黑褐色横斑。下体胸部和腹部白色，有黑色纵纹，下腹部至尾下覆羽和覆腿羽锈红色。尾羽灰色或石板褐色，除中央尾羽外，所有尾羽的内翈均具有皮黄色、棕色或黑褐色的横斑和淡棕黄色的羽端。脚及趾黄色。

习性与分布 主要栖息于有稀疏树木生长的开阔平原、旷野、耕地、海岸、疏林和林缘地带，很少在浓密的森林和没有树木的裸露荒原。主要捕食小型鸟类、昆虫等。单独或成对活动。营巢于高大乔木或鸦科巢穴。旅鸟，居留期长，分布广泛。4～5 月、9～10 月常见于鲁大山、昆嵛山、围子山等地。

燕隼/20180503 孙虎山摄于鲁东大学北校区

4. 猎隼　[Saker Falcon, *Falco cherrug*]

形态特征　体长 50 cm，大型隼类，雌雄体色相似。嘴铅蓝灰色，尖端黑色，蜡膜暗黄色。虹膜暗褐色，眼圈淡黄色，眉纹乳白色，眼下有一黑色狭窄的髭纹。前额、眼先、喉白色，头顶红褐色，具褐色细纵纹，后颈色淡。上体灰褐色有褐点斑，并具纹路排列清晰的浅红褐色羽缘。飞羽黑褐色，飞羽内翈和覆羽具有砖红色横斑和淡色羽端。下体白色且沾有棕色，胸部和腹部具有黑褐色纵纹，腹部纵纹密于胸部，下腹白棕色。尾黑褐色，具红褐色横斑，尾下覆羽和覆腿羽白棕色，具有较细的暗褐色纵纹。跗蹠和趾黄绿色。

习性与分布　栖息于低山丘岭和山脚平原区及荒漠，常活动于树木稀疏的山丘地区。主要以小型的鸟类、野兔、鼠类为食。多单个活动，不善鸣叫，直线快速飞行或滑行。旅鸟。9～10 月见于夹河口、鱼鸟河口、养马岛、鲁大山等地。

猎隼/20171026 孙虎山摄于内夹河福山段

5. 游隼 [Peregrine Falcon, *Falco peregrinus*]

形态特征 体长 45 cm，体形较大的隼类，雌雄体色相似。嘴灰蓝色，下嘴基部黄色，蜡膜黄色。虹膜褐色，眼圈黄色。脸颊部和耳区具宽阔的黑髭纹，喉和髭纹前后白色，具白色半颈环。头顶和后颈暗石板蓝灰色到黑色。上体大多为灰蓝色，并具黑褐色羽干纹和横斑，各羽缘色淡。腰和尾上覆羽亦为蓝灰色，但色稍浅。飞羽黑褐色，具灰白色端斑和微缀棕色斑纹，内翈具灰白色横斑。翼下覆羽和腋羽白色且具密集的黑褐色横斑。下体白色或皮黄白色，上胸和颈侧具细的黑褐色羽干纹，其余下体具黑褐色横斑，且横斑中部向后呈尖状。尾蓝灰色，具黑褐色横斑。腿覆羽粉白色且具密集的黑褐色横斑，跗蹠和趾黄色。

习性与分布 主要栖息于山地、丘陵、荒漠、半荒漠、海岸、旷野、草原、河流、沼泽与湖泊沿岸地带，也到开阔的农田、耕地和村庄附近活动。主要以水鸟和小型兽类为食。单独活动，喜欢盘旋。冬候鸟。9 月至次年 3 月常见于夹河口、外夹河老岚段至芝罘段、内夹河福山段、高陵水库、银湖、鱼鸟河口等地。

游隼/20161105 孙虎山摄于夹河口

十八、雀形目 [PASSERIFORMES]

中小型鸣禽，树栖或陆栖。形态特征变化极大，外形与雀相似。嘴小而强壮，形状多样，适于多种类型的生活习性。雌雄同色或异色，大多雄性颜色更为艳丽。初级飞羽 9～10 枚，尾羽多为 12 枚。腿短，细弱，跗蹠后缘鳞片常愈合为整块鳞板的靴状鳞，4 趾，常态足或离趾型足，不具蹼，趾三前一后，后趾与中趾等长，善跳跃。鸣管结构及鸣肌复杂，大多善于鸣啭，叫声多变悦耳，雄鸟在繁殖季节尤其善于鸣唱。筑巢大多精巧，雏鸟晚成性。杂食性，繁殖期主要以昆虫及其幼虫等动物性食物为食。

摄影：孙虎山

（一）黄鹂科 [Oriolidae]

中型鸣禽，树栖。嘴型粗厚，嘴峰稍向下弯曲，上嘴尖端微具缺刻，具细而短的嘴须，鼻孔裸出，盖以薄膜。翅尖长，善飞翔。尾较短，稍具凸尾状。跗蹠较

短，前缘具盾状鳞，爪稍长而甚弯曲。雄鸟成体色呈鲜艳黄色或黑色，雌鸟呈绿色或稍淡，幼鸟胸腹部具纵纹。鸣声悦耳多变。喜食昆虫和果实。营巢于高大树上，晚成雏。具有长距离季节迁移行为。

1. 黑枕黄鹂 [**Black-naped Oriole, *Oriolus chinensis***]

形态特征 体长 26 cm。雄鸟嘴粉红色，粗壮，嘴峰呈弧状下弯，嘴须细短，鼻孔裸出并盖以薄膜。宽阔的黑色贯眼纹与头枕部的黑色宽带斑相连，形成一条围绕头顶的黑带，在金黄色的头部甚为醒目。通体金黄色，下背稍沾绿呈绿黄色，腰和尾上覆羽柠檬黄色，两翅尖长，初级和次级飞羽黑色。尾黑色，除中央尾羽外其余的具宽阔黄色端斑，越向外侧黄色端斑越大。脚黑色，跗蹠短，前缘具盾状鳞，爪细而弯曲。雌鸟暗淡，背部黄绿色。

习性与分布 栖息于低山丘陵和山脚平原地带的天然次生阔叶林、混交林，也出入于农田、原野、村寨附近和城市公园的树上。单独或成对活动。主食昆虫，也吃果实和种子。夏候鸟。5～10 月常见于烟台各处林地。

黑枕黄鹂(雄)/20170512 孙虎山摄于鲁东大学北校区

（二）山椒鸟科　[Campephagidae]

小型鸣禽，体形纤细。嘴短而基部稍宽，上嘴尖端下弯成钩状并微具缺刻，鼻孔前被短刚毛。体羽松软，腰羽羽干为坚硬的芒刺状，翅较尖长。尾圆或平形，细长。脚细弱，跗蹠被盾状鳞。

1. 暗灰鹃䴗　[Black-winged Cuckoo shrike，*Lalage melaschistos*]

形态特征　体长 23 cm。嘴黑色，短宽，先端下弯微具缺刻。虹膜红褐色，具有不明显的白色窄眼圈。雄鸟额、头顶、上体青灰色，腰部较淡，两翼亮黑且尖长，并且具有白色或灰色窄羽缘，胸蓝灰色，腹灰白色。尾细长，尾羽黑色，三枚外侧尾羽的羽尖白色，尾下覆羽白色。脚短弱，铅蓝色。雌鸟色浅，胸、腹具白色横斑，翼下通常具小块白斑。

习性与分布　栖于以栎树为主的针落叶混交林等多种类型林地以及山坡灌木丛中。主食鞘翅目、直翅目、半翅目、同翅目等昆虫，也吃蜘蛛、蜗牛、少量植物种子和果实。旅鸟。4～5 月、9～10 月见于夹河生态园等林地。

暗灰鹃䴗/20160510 孙虎山摄于夹河生态园

2. 灰山椒鸟 [Ashy Minivet, *Pericrocotus divaricatus*]

形态特征 体长 20 cm。嘴黑色。虹膜暗褐色。雄鸟贯眼纹黑色，鼻羽、嘴基处额羽黑色与黑色的眼先相连，前额和头顶前部白色，头顶后部、枕、耳羽亮黑色。后颈、背、腰至尾上覆羽等整个上体石板灰色，翅内侧覆羽与背同色，最内侧次级飞羽外翈亦与背同色具灰白色窄缘，其余飞羽黑褐色，在近羽基处贯以灰白色横斑，连缀而成斜带，展翅时从下面看呈"∧"形，甚为显著。下体自颏至尾下覆羽，包括颈侧及耳羽前部均为白色，胸侧和两胁略呈灰白色，翼下覆羽白色杂以黑斑，腋羽黑色而具白色端斑。尾黑色，中央两对尾羽黑褐色，外侧尾羽基部黑色而先端白色。脚、爪黑色。雌鸟额灰白色，眼先黑褐色，头顶、背、肩均为灰色，翅、尾灰褐色。

习性与分布 栖息于茂密的原始落叶阔叶林和红松阔叶混交林中，也出现在林缘次生林、河岸林。飞行时有金属般颤音。以甲虫、瓢虫、毛虫、椿象、蝉等鞘翅目、鳞翅目、半翅目、同翅目等昆虫和幼虫为食。旅鸟。4～5 月、9～10 月常见于夹河生态园、辛安河公园、鱼鸟河公园等林地。

灰山椒鸟(雄)/20180428 孙虎山摄于夹河生态园

3. 长尾山椒鸟 ［Long-tailed Minivet, *Pericrocotus ethologus*］

形态特征 体长 20 cm。嘴黑色。虹膜暗褐色。雄鸟头侧、颈侧、颏、喉黑色；头顶和上背亮黑色；下背至尾上覆羽以及自胸起的整个下体赤红色。两翅黑色，翅上具红色翼斑，第一枚初级飞羽外缘粉红色，内侧 2～4 枚飞羽具红色羽缘，其余飞羽中段及大覆羽先端红色。尾黑色，具红色端斑，最外侧一对尾羽几全为红色。雌鸟前额黄色，颊、耳羽灰色，颏灰白或黄白色，头顶至后颈暗褐灰色，背灰橄榄绿或灰黄绿色，腰和尾上覆羽鲜绿黄色，下体黄色，两翅和尾在雄鸟的红色被黄色替代。脚黑色。

习性与分布 栖息于山地常绿阔叶林、落叶阔叶林、针阔叶混交林，以及林缘次生林和杂木林中。单独或成小群活动，常从一棵乔木的树顶飞到另一棵树的顶部。主要以石蚕蛾、毛虫、凤蝶幼虫、金龟子、瓢虫、椿象等鳞翅目、鞘翅目、半翅目昆虫及其幼虫为食。旅鸟。3～4 月、8～9 月见于夹河生态园等林地。

长尾山椒鸟（雌）/20180408 孙虎山摄于夹河生态园

（三）卷尾科 ［Dicruridae］

体形中等大小，树栖。全身羽毛呈黑色并有显著的金属光泽。嘴粗壮稍扁平，嘴峰稍曲，上嘴先端具钩，嘴须存在，鼻孔为垂羽悬掩。翅宽长而稍尖。尾长而呈叉状，中央一对尾羽最短，外侧尾羽向外依次增长，有些种类的最外侧尾羽向外上方卷曲。跗蹠短而强健，前缘具盾状鳞，爪曲而尖锐。

1. 黑卷尾 ［Black Drongo, *Dicrurus macrocercus*］

黑卷尾/20180526 孙虎山摄于夹河生态园

形态特征 体长 30 cm。嘴小，暗黑色，有的嘴角具不明显污白色斑点。全身羽毛灰黑色并具铜绿色光泽。前额、眼先羽绒黑色。颏、喉黑褐色。上体自头部、背部至腰部及尾上覆羽深黑色，缀铜绿色金属闪光。翅黑褐色，飞羽外翈及翅上覆羽具铜绿色金属光泽；翅下覆羽及腋羽黑褐色。下体自颏、喉至尾下覆羽均呈黑褐色，仅在胸部铜绿色金属光泽较著。尾羽深黑色，羽表面沾铜绿色光泽，中央一对尾羽最短，向外侧依次顺序增长，最外侧一对最长，其末端向外上方卷曲，尾羽末端呈深叉状。脚、爪暗黑色。

习性与分布 栖息在山麓或沿溪的树顶上，在开阔地常落在电线上。常成对或集成小群活动，动作敏捷，边飞边叫。从空中捕食飞虫，也捕捉地面昆虫，主要以夜蛾、椿象、蚂蚁、蝼蛄、蝗虫等害虫为食。夏候鸟。5～8 月常见于夹河生态园、内夹河福山段、外夹河芝罘段及莱山段、辛安河繁荣庄段等地。

（四）伯劳科 ［Laniidae］

中小型鸣禽。嘴似鹰嘴状，粗壮有力，先端具利钩和缺刻，嘴须发达，鼻孔为垂羽须所掩盖。头较大，大多数种类具有宽阔的黑色过眼纹。身体背面灰色或棕色，腹面白色，少数带有纵斑或横斑，翅短圆。尾部呈凸尾状。跗蹠强壮，前缘被盾状鳞片，趾爪尖利。雌雄羽色相似或不同。性凶猛。雏鸟为晚成鸟。

1. 虎纹伯劳　[Tiger Shrike, *Lanius tigrinus*]

形态特征　小型伯劳，体长 16 cm。嘴粗厚，蓝黑色而端部黑色。虹膜褐色。雄鸟额基、眼先和宽阔的贯眼纹黑色；前额、头顶至后颈栗灰色；上体余部包括肩羽及翅上覆羽栗红褐色，杂以密集的黑色鳞状横斑。飞羽暗褐色，外翈具棕褐色羽缘。下体纯白色，两胁略沾蓝灰色。尾羽棕褐色，具不明显的褐色横斑，外侧尾羽端缘棕白色；覆腿羽白杂以黑斑。雌鸟前额基部黑色较小，眼先及过眼黑纹沾褐，头顶灰色及背羽的栗褐色均不如雄鸟鲜艳，胁部缀以黑褐色鳞状横斑。脚灰黑色。

习性与分布　栖息于树林，分布自平原至丘陵、山地，喜栖于疏林边缘，巢址选在带荆棘的灌木及洋槐等阔叶树。主要食物是昆虫，特别是蝗虫、蟋蟀、甲虫、臭虫、蝴蝶和飞蛾，也吃小鸟和蜥蜴。夏候鸟。5～9 月常见于烟台山区的各个林地。

虎纹伯劳（雄）/20180513 孙虎山摄于鲁东大学北校区

2. 牛头伯劳 [Bull-headed Shrike, *Lanius bucephalus*]

形态特征 体长 19 cm。嘴强健，具钩和齿，黑色。虹膜褐色。雄鸟额、头顶及枕部栗红色，眉纹白色，眼先、眼周、颊和耳羽黑色，形成粗著的贯眼纹，该纹上缘镶有灰白色细纹，颏、喉和下颊白色。上体栗色，背、腰及尾上覆羽灰褐色；飞羽黑褐色，羽缘棕色，外侧飞羽基部白色，形成明显的白色翅斑，三级飞羽具皮黄色羽缘。翅上覆羽暗褐色，大覆羽具棕色羽缘。下体偏白色，胸、腹以及两胁淡棕色。冬羽具黑褐色鳞纹，腹部中央灰白色，尾下覆羽纯棕色；中央尾羽暗褐色，具浅灰褐色边缘，外侧尾羽灰褐色，各尾羽具狭窄的灰白色端缘和界限不清的黑褐色次端斑。雌鸟贯眼纹棕褐色，白色眉纹窄，上体更沾褐色，无白色翼斑，下体密布黑褐色鳞纹。脚铅灰色。

习性与分布 栖息于低山、丘陵和平原地带的疏林和林缘灌丛草地。性凶猛，鸣声粗糙、尖厉、洪亮。主要以直翅目、鞘翅目、半翅目和鳞翅目昆虫为食，也吃蜥蜴及草籽。留鸟或冬候鸟。9 月至次年 3 月常见于银湖、高陵水库、桃园水库、夹河流域等烟台各处靠近淡水的山区林缘。

牛头伯劳(雄)/20180214 孙虎山摄于鲁东大学北校区

3. 红尾伯劳 ［Brown Shrike, *Lanius cristatus*］

形态特征　体长 20 cm。嘴黑色，偏扁而高，上嘴弯曲具锐利小钩。虹膜暗褐色，眼先、眼周至耳区黑色，连接成一粗著的黑色贯眼纹从嘴基经眼直到耳后，眼上方至耳羽上方有一窄的白色眉纹。额和头顶前部淡灰色，头顶至后颈灰褐色，颏、喉和颊白色。上背、肩暗灰褐色，下背、腰棕褐色。下体棕白色，两胁较多棕色，腋羽亦为棕白色。两翅黑褐色，翅缘白色，内侧覆羽暗灰褐色，外侧覆羽黑褐色，中覆羽、大覆羽和内侧飞羽外翈具棕白色羽缘和先端。尾楔形，尾羽棕褐色具有隐约可见不甚明显的暗褐色横斑，尾上覆羽棕红色。脚铅灰色。雌鸟似雄鸟，体色稍浅。

习性与分布　栖息于低山丘陵和山脚平原地带的灌丛、疏林和林缘地带，尤其在有低矮树木和灌丛生长的开阔旷野、河谷、湖畔、路旁和田边地头灌丛中较常见，也栖息于草甸灌丛、山地阔叶林和针阔叶混交林林缘灌丛及其附近的小块次生林内。单独或成对活动，性凶猛，常停留在树上枯枝上窥视地面，发现猎物后急飞俯冲、迅猛捕捉，抓住猎物后再返回树枝上。主要捕食蝗虫、蛾、蝶等较大型的昆虫及其幼虫，以及蜥蜴、老鼠等小型脊椎动物。夏候鸟。5～9 月常见于烟台各处林地。

红尾伯劳（雄）/20170511 孙虎山摄于养马岛

4. 棕背伯劳 [Long-tailed Shrike, *Lanius schach*]

形态特征 体长 25 cm，是伯劳中体形较大者。喙粗壮而侧扁，先端具利钩和齿突，嘴须发达。虹膜暗褐色，具宽阔的黑色贯眼纹。头大，前额黑色，头顶至后颈灰色，颏、喉白色。背部棕红色。翅短圆，两翅黑色具白色翼斑，内侧飞羽外翈羽缘棕色，翼上覆羽为黑色，大覆羽具有棕色的窄羽缘。胸和腹部棕白色，两胁棕红色或浅棕色。尾长，圆形或楔形，黑色，外侧尾羽皮黄褐色，外翈具有棕色羽缘和端斑，尾上覆羽为棕色，尾下覆羽为棕红色。脚黑色，跗跖强健，趾具钩爪。

习性与分布 栖息于低山丘陵和山脚平原地区，夏季可上到海拔2000 m左右的山中次生阔叶林和混交林的林缘地带。常在公园、农田、果园、林缘、河边荒滩等地活动，立于突出物体上，发现猎物迅速出击，捕捉后返回原处吞吃。主要以较大的昆虫和小型的脊椎动物为食。留鸟。一年四季均常见，尤其是夹河、沁水河等河流流域周边林地中最为常见。

棕背伯劳/20180526 孙虎山摄于夹河生态园

5. 灰伯劳 [Great Grey Shrike, *Lanius excubitor*]

形态特征 体长 24 cm。嘴黑色，侧扁而高，下弯具钩、缺刻和齿突。虹膜暗褐色。前额基部、眉纹白色，眼先有一近圆形黑褐色斑，眼周、贯眼纹至耳羽黑色。头顶至尾上覆羽的整个上体烟灰色，肩羽与背羽同色但具淡羽缘。翅覆羽及飞羽黑褐，大覆羽具淡棕白色端缘，第 3～9 枚初级飞羽基部白色，形成翅斑，内侧飞羽有1～3 mm的白色略染淡棕色的端缘。下体灰白色，喉、颈侧、胸、胁及腹羽均具细密的暗褐色鳞纹，胸、胁、腹羽微染棕色。中央 2 对尾羽纯黑具白色端缘，此白色端缘在外侧尾羽依次愈来愈大，而黑区相应缩小，至最外侧的尾羽的外部为纯白，内部的端部 1/2 亦为白色，羽轴中段黑色，尾上覆羽白色具淡羽缘并染淡棕，尾下覆羽淡灰白色。脚黑色。雌鸟羽色沾棕色。

习性与分布 主要栖息在海拔800 m以下山地次生阔叶林带的开阔或半开阔的生境中。性凶猛。主要以小型兽类、鸟类、蜥蜴、较大的昆虫以及其他活动物为食。冬候鸟。9 月至次年 3 月常见于高陵水库、夹河生态园、沁水河公园、内夹河福山段等周围的荒滩和林地。

灰伯劳/20170215 孙虎山摄于高陵水库

6. 楔尾伯劳 [Chinese Grey Shrike, *Lanius sphenocercus*]

形态特征 体长31 cm，大型伯劳。嘴灰色。虹膜褐色。额白色，向后延伸为白色眉纹，眼先、眼周和耳羽黑色，形成一条较宽的贯眼纹。头顶、枕、后颈、背淡灰色。肩羽与背同色，翅黑色，自第二枚初级飞羽均具超过羽长之半的白色羽基，构成醒目的白色翼斑，次级飞羽和三级飞羽黑色而具较宽的白色端缘，基部亦白色形成翼上的第二个白色翼斑，翼上覆羽黑色，初级覆羽具白色羽端和羽缘。颏、喉、颊、颈侧直至整个下体白色。尾凸形，3 枚中央尾羽黑色，其余尾羽基部黑色，端部白色，越往外者白色区域越大，至最外 3 枚尾羽纯白色仅羽轴中段为黑色，尾上覆羽淡灰色。脚黑色。雌鸟两胁具不明显横斑。

习性与分布 栖息于低山、平原和丘陵地带的疏林和林缘灌丛草地，也出现于农田地边和村屯附近的树上，冬季有时也到芦苇丛中活动和觅食。单独或成对活动，比较活泼，直线飞行，速度快。主要以昆虫为食，也捕食小型脊椎动物。冬候鸟。9 月至次年 3 月常见于高陵水库、内夹河福山段、外夹河回里镇段等周围荒滩或林地。

楔尾伯劳/20170117 孙虎山摄于高陵水库

(五)鸦科　[Corvidae]

大中型鸣禽,体壮,是最大的雀形目鸟类。喙短粗强壮,鼻孔圆形,通常被羽须掩盖。羽衣可为单色的,或有对比明显的花纹,通常有光泽。脚、趾粗壮,趾三前一后,中趾和侧趾在基部略有合并。叫声刺耳、响亮。大多群居,群组织程度发达,互助是重要特性,有些种类智力极高。雌雄的结合牢固,或终生配对,雄鸟帮助营巢,有时多数巢成一大群。在雌鸟孵卵时,雄鸟饲喂雌鸟。杂食性。

1. 灰喜鹊　[Azure-winged Magpie, *Cyanopica cyanus*]

形态特征　体长35 cm,大型鸣禽。嘴黑色。虹膜暗褐到淡褐黑色。前额到颈项和颊部黑色闪淡蓝或淡紫蓝色光辉。翕部和背部淡银灰到淡黄灰色,腰部和尾上覆羽逐渐转浅淡。翅淡天蓝色,最外侧两枚初级飞羽淡黑色,其他的初级飞羽外翈变为白色,因而在翅膀折合起来时形成一个长形的近末端的白斑,飞羽的羽轴淡黑色。喉、颈侧白色,向下到胸和腹部的羽色逐渐由淡黄白转为淡灰色。尾羽淡天蓝色,两枚中央尾羽具宽形白色端斑,其余尾羽的末端仅具白色边缘,尾羽下面淡蓝灰色。跗蹠和趾黑色。雌雄羽色相似。

习性与分布　栖息于开阔的松林及阔叶林、公园和城镇居民区。喜群体生活。杂食性,但以动物性食物为主,主要吃半翅目、鞘翅目等昆虫及幼虫,兼食一些植物果实及种子。留鸟。一年四季常见于烟台各处林地。

灰喜鹊/20170310 孙虎山摄于养马岛

2. 喜鹊 ［Common Magpie, *Pica pica*］

形态特征 体长45 cm，大型鸣禽。嘴黑色。虹膜褐色。头、颈、背和尾上覆羽辉黑色，后头及后颈稍沾紫，背部稍沾蓝绿色，肩羽纯白色，腰灰色和白色相杂状。翅黑色，初级飞羽内翈具大形白斑，外翈及羽端黑色沾蓝绿光泽，次级飞羽黑色具深蓝色光泽。颏、喉和胸黑色，喉部羽有时具白色轴纹，上腹和胁纯白色，下腹和覆腿羽污黑色，腋羽和翅下覆羽淡白色。尾羽黑色具深绿色光泽，末端具紫红色和深蓝绿色宽带。脚黑色。雌雄羽色相似。

习性与分布 栖息地多样，常出没于人类活动地区，喜欢将巢筑在民宅旁的大树上。全年大多成对生活，在旷野和田间觅食。杂食性，主要捕食昆虫及其幼虫，蜥蜴、蛙、鼠等小型动物，也盗食其他鸟类的卵和雏鸟，兼食瓜果和植物种子等。留鸟。最为常见，一年四季常见于烟台各地。

喜鹊/20161210 孙虎山摄于鲁东大学南校区

3. 达乌里寒鸦 [Daurian Jackdaw, *Corvus dauuricus*]

形态特征　体长 32 cm，中型鸣禽。嘴黑色，嘴基须近黑色带浅色羽轴而显得花白。虹膜暗褐色。上体主要为黑色，具宽阔的白色领圈，极为醒目。额、头顶、头侧、颏、喉黑色具蓝紫色金属光泽，后头、耳羽杂有白色细纹。后颈、颈侧、上背、胸、腹灰白色或白色，其余体羽黑色具紫蓝色金属光泽，肛羽具白色羽缘。脚黑色。雌鸟羽色似雄鸟，但光泽度较低，白色区域中混有灰色。幼鸟与成鸟羽色差异较大，颜色反差小，前额、头顶褐色具紫色光泽，后颈、颈侧黑褐色，背、肩、翅、尾深褐至黑褐色，领圈苍白色，下体褐色至浅褐色，各羽羽端缀白色羽缘，当年幼体在秋季换羽后直到第二年秋季换羽前全黑色。

习性与分布　栖息于山地、丘陵、平原、农田、旷野等各类生境中，尤以河边悬岩和河岸森林地带较常见。常在林缘、农田、河谷、牧场处活动，晚上多栖于附近树上和悬崖岩石上，喜成群，有时也和其他鸦类混群活动。主要以蝼蛄、甲虫、金龟子等昆虫为食。旅鸟。4～5 月见于养马岛。

达乌里寒鸦/20170430 孙虎山摄于养马岛

4. 秃鼻乌鸦 [Rook, *Corvus frugilegus*]

形态特征 体长 47 cm，大型鸣禽。嘴黑色，圆锥形且尖端下弯，基部不被羽，皮肤裸露而覆浅灰白色鳞状外皮。虹膜黑色。头显突出，拱圆形。羽毛松散。通体黑色，除腹部外均具有绿蓝色或紫蓝色光泽。两翼较长窄，翼尖“手指”显著。尾端楔形。脚为饱满的黑色。雄雌同形同色，除了嘴基部外通体漆黑。幼鸟颜色较暗淡，嘴基部全被羽，易与小嘴乌鸦相混淆，区别为头顶更显拱圆形，嘴圆锥形且尖，腿部的松散垂羽更显松散。

习性与分布 常栖息于平原丘陵低山地形的耕作区，有时会接近人群密集的居住区。与其他乌鸦一样，该物种叫声为粗砾嘶哑的“呱呱”声，非常难听，非常吵。食性很杂，垃圾、腐尸、昆虫、植物种子甚至青蛙、蟾蜍都出现在它们的食谱中。留鸟。见于外夹河回里镇段、辛安河上游周边山区或湿地。

秃鼻乌鸦/20170830 孙虎山摄于外夹河回里镇段

5. 大嘴乌鸦　[Large-billed Crow, *Corvus macrorhynchos*]

形态特征　体长 50 cm，大型鸣禽。嘴黑色，大而粗厚，上嘴弯曲，前缘与前额几成直角，鼻孔距前额约为嘴长的 1/3，鼻须硬直，达到嘴的中部。虹膜褐色或暗褐色。额头特别突出。全身羽毛黑色，除头顶、枕、后颈和颈侧光泽较弱外，其他包括背、肩、腰、翼上覆羽和内侧飞羽在内的上体均具紫蓝色金属光泽，初级覆羽、初级飞羽和尾羽具暗蓝绿色光泽。下体乌黑色或黑褐色，喉部羽毛呈披针形具有强烈的绿蓝色或暗蓝色金属光泽，其余下体黑色具紫蓝色或蓝绿色光泽，但明显较上体弱。尾长，呈楔状，尾羽表面带有紫蓝色亮辉光泽，尾下覆羽尖端有蓝绿色光泽。腿细弱，跗蹠后缘鳞片常愈合为整块鳞板，脚黑色，离趾型足，趾三前一后，后趾与中趾等长。雌雄羽色相同。

习性与分布　栖息于低山、平原和山地阔叶林、针阔叶混交林、针叶林、次生杂木林、人工林等各种森林类型中，尤以疏林和林缘地带较常见。杂食性，主要捕食昆虫及其幼虫，以及雏鸟、鸟卵、鼠类、动物尸体和植物的叶、芽、果实、种子和农作物种子等。留鸟。常见于昆嵛山、围子山、鲁大山等烟台的各个山区。

大嘴乌鸦/20180225 孙虎山摄于外夹河老岚村段

(六)山雀科 [Paridae]

体形略小于麻雀。嘴黑色,短而略呈锥形,嘴角须少或无须,鼻孔多少被羽或须所掩盖。双翼圆形,中等长度或较短,初级飞羽 10 枚,第一枚初级飞羽不及第二枚长度的一半。尾短,方形或稍圆,12 枚尾羽,尾下覆羽黑色。跗蹠有力,可在树枝上倒挂觅食。

1. 煤山雀 [Coal Tit, *Periparus ater*]

形态特征 体长 11 cm。嘴黑色,边缘灰色,短钝而略呈锥状,鼻孔略被羽覆盖。虹膜褐色。头顶、后颈、喉黑色,头顶具尖的黑色羽冠,脸颊、耳羽和颈侧白色,构成头部两侧醒目的大块白斑。背部灰色或橄榄灰色,翅短圆具两道白色翼斑。上胸黑色,腹部白色。尾羽黑色。脚铅灰色。雌雄羽色相似。

习性与分布 栖息在低山和山麓地带的森林、竹林、人工林以及果园、树丛和灌木丛等地区。非繁殖期喜集群,性活跃,常在枝头跳跃,在树皮上剥啄昆虫,或在树间做短距离飞行。在树洞或岩缝中筑巢。主要以昆虫及其幼虫为食,还取食蜘蛛、蜗牛等小型无脊椎动物和植物的草籽、花等。旅鸟。3～5 月、9～11 月常见于鲁大山、南山公园、围子山等林地。

煤山雀/20171102 孙虎山摄于鲁东大学北校区

2. 黄腹山雀 ［Yellow-bellied Tit, *Pardaliparus venustulus*］

形态特征　体长10 cm。嘴为蓝灰色。虹膜褐色。雄鸟额、眼先、头顶、枕、后颈一直到上背黑色具蓝色金属光泽，后颈中央具一纵条白色块纹，脸颊、耳羽和颈侧白色，在头侧形成大块白斑。下背、腰、肩亮蓝灰色，腰部颜色略浅。翅上覆羽黑褐色，中覆羽和大覆羽具白而微沾黄的端斑，在翅上形成两道明显的翅斑，翅下覆羽黄白色，飞羽暗褐色，除外侧两枚初级飞羽外，其余飞羽外翈羽缘灰绿色，三级飞羽先端黄白色。颏、喉和上胸黑色微具蓝色金属光泽，下胸和腹部为鲜黄色，两胁黄绿色，腋羽白色有时微沾黄色。尾下覆羽黄色，尾上覆羽和尾羽黑色，最外侧一对尾羽外翈近基处大部白色，其余外侧尾羽外翈中部白色。脚铅灰色。雌鸟通体橄榄绿色，脸部斑灰白色。

习性与分布　栖息于海拔2000 m以下的山地各种树林中，冬季多下到低山和山脚平原地带的次生林、人工林和林缘疏林灌丛地带。单独、成对或成小群，有时与其他种类混群。叫声为高音的“嘁嘁喳喳”声及似责骂声，复杂鸣声包括高调颤音。主要以昆虫及植物的果实、种子为食。旅鸟。4～5月、9～10月常见于夹河生态园、养马岛、辛安河公园等林地。

黄腹山雀（雄）/20180409 孙虎山摄于夹河生态园

3. 沼泽山雀 [Marsh Tit, *Poecile palustris*]

形态特征 体长12 cm。嘴黑色。虹膜褐色。前额、头顶、后颈、以及上背前部概呈带有金属光泽的黑色，自嘴基经颊、耳羽以至颈侧均为白色，颏、喉黑色，下喉羽片具白色先端。背和肩砂灰褐色，腰和尾上覆羽较背淡而微沾黄色，飞羽灰褐色，羽干黑褐，外侧羽片具灰褐色狭缘，在外侧的飞羽转为灰白色，覆羽灰褐色，初级覆羽的外侧羽片缘为淡橄榄褐色，其余覆羽外缘均为橄榄褐色，但大覆羽的羽缘较淡。胸、腹至尾下覆羽苍白色，两胁沾灰棕色，腋羽和翅下覆羽苍白色。尾羽灰褐色，除中央一对外，均具灰白色的外缘。脚铅黑色。雌雄同形同色。

习性与分布 栖息于近水平原、低山和中山地带的林地、公园和果园。常活动于针叶林、针阔叶混交林的树冠，或攀附于树枝上取食昆虫，也常到灌丛间啄食。食物以昆虫及其幼虫为主，也吃植物种子。留鸟。常见于辛安河公园、夹河生态园、鱼鸟河公园、养马岛、南山公园、外夹河回里镇段、鲁大山等近水的林地。

沼泽山雀/20171209 孙虎山摄于辛安河公园

4. 大山雀 ［Cinereous Tit, *Parus cinereus*］

形态特征 体长 14 cm。嘴黑褐色或黑色。虹膜暗褐色。雄鸟前额、眼先、头顶、枕和后颈上部黑色具金属光泽，眼以下整个脸颊、耳羽和颈侧白色形成一近似三角形的白斑。颏、喉和前胸黑色，颈侧具一黑带连接黑色的前胸和后颈。上背和两肩黄绿色，在上背黄绿色和后颈的黑色之间有一细窄的白色横带。翅上覆羽黑褐色，形成一显著的白色翅带，飞羽黑褐色，多具灰白色羽缘。下体白色，中部有一宽阔的黑色纵带，前端与前胸黑色相连，往后延伸至尾下覆羽，有时在尾覆羽下还扩大成三角形，腋羽白色。中央一对尾羽蓝灰色，羽干黑色，最外侧一对尾羽白色，仅内翈具宽阔的黑褐色羽缘，次一对外侧尾羽末端具白色楔形斑，尾上覆羽蓝灰色。脚暗褐色或紫褐色。雌鸟体色稍暗淡缺少光泽，腹部黑色纵纹较细。幼鸟黑色部分色浅沾褐色，腹部黑色纵纹缺或不明显。

习性与分布 栖息于低山和山麓地带的次生阔叶林和针阔叶混交林中，也出入于人工林和针叶林。性较活泼而大胆，不甚畏人。行动敏捷，常在树枝间穿梭跳跃，或从一棵树飞到另一棵树上，边飞边叫，略呈波浪状飞行，波峰不高。主要以金花虫、金龟子、毒蛾幼虫、蚂蚁、蜂、松毛虫、螽斯等昆虫为食。留鸟。常见于夹河生态园、南山公园、辛安河公园、鱼鸟河公园、养马岛、鲁大山等烟台各个山区林地。

大山雀/20170123 孙虎山摄于南山公园

(七)攀雀科 [Remizidae]

体形小。嘴较薄,尖锥形。初级飞羽10枚,第一枚短小,不及第二枚的一半。尾为方尾或稍凹,尾较短。雌雄鸟羽色相似,常生活于水边,树栖,善攀缘,繁殖季节单独活动或成对活动,其他季节成群活动,巢呈半球形囊状,悬吊于树枝末梢。

1.中华攀雀 [Chinese Penduline Tit, *Remiz consobrinus*]

中华攀雀(雄)/20180511 孙虎山摄于辛安河繁荣庄段

形态特征 体长11 cm。嘴灰黑色,下嘴色淡。虹膜深褐色,眉纹白色,贯眼纹黑色。头顶白色沾灰,具褐色羽干纹,前额、耳羽黑色与贯眼纹连为一体,形成一条醒目的黑色宽带斑,颊部下缘白色,后颈和颈侧棕灰,形成半圆形白色颈领圈。上背棕褐色,下背、腰、尾上覆羽淡棕褐色。飞羽暗褐色,羽缘淡棕白色。下体颏、喉部白色,胸部、腹部、尾下覆羽、覆腿羽白色沾有棕色。尾羽暗褐色,凹形,内外均具白色羽缘。脚蓝灰色。雌鸟羽色较淡,贯眼纹深棕栗色。

习性与分布 喜栖息于阔叶或针阔叶混交林,冬季见于平原地区。冬季成群,特喜芦苇地栖息环境。叫声高调、柔细而动人。主要以昆虫,植物的花、叶、芽、花粉等为食。夏候鸟,少量留鸟。3~7月常见于沁水河公园、鱼鸟河公园、辛安河繁荣庄段、外夹河老岚村段至芝罘段、内夹河福山段、夹河生态园、桃园水库、银湖等地。

(八)百灵科 [Alaudidae]

小型鸣禽。具羽冠或角羽,鸣叫时常竖立起来。嘴较细小而呈圆锥状,有些种类嘴端长而稍弯曲,鼻孔上常有悬羽掩盖。通常体色多有黑褐色的斑点。翅

膀尖长，初级飞羽 9～10 枚，第一级飞羽小，三级飞羽很长。尾较翅稍短一些，尾羽 12 枚。跗蹠长且后缘较钝具有盾状鳞，后爪一般长而直，对身体起支撑作用。善鸣叫。晚成鸟。

1. 大短趾百灵　[Greater Short-toed Lark, *Calandrella brachydactyla*]

形态特征　体长 14 cm。嘴浅黄色较粗短，鼻孔上有悬羽掩盖。虹膜褐色。眼先浅色，眉纹污白色较宽，耳羽沙棕色，颈侧具有黑色斑块及稀疏纵纹。上体褐色有深色较粗宽纵纹。翅膀稍尖长，三级飞羽几乎与初级飞羽等长，中覆羽色深与大覆羽颜色对比强烈。下体灰白色，喉和上胸棕色较深，其交界处一道粗的横纹，上胸两侧具有黑褐色斑，下胸、腹部污白色。尾羽黑褐色，最外侧两对尾羽具白色斑，其中最外侧一对几乎全为白色。脚肉色，跗蹠后缘钝具盾状鳞，后爪长而直。雌雄同形同色。

习性与分布　栖息于开阔的干旱平原和荒漠及半荒漠地带。单独活动，善地面奔跑。繁殖期通常在冲向高空时鸣叫且叫声悦耳，营巢于具有植物覆盖的凹坑中。主要以草籽、昆虫为食。冬候鸟。10 月至次年 3 月常见于辛安河公园、里蹦岛、高陵水库、银湖等地。

大短趾百灵/20170206 孙虎山摄于沁水河口里蹦岛

2. 短趾百灵 ［Asian Short-toed Lark，*Alaudala cheleensis*］

形态特征 体长 13 cm，小型鸣禽。嘴较粗短，角质灰色，下嘴基部淡黄色，鼻孔有悬羽覆盖。虹膜为深褐色。眼先、眉纹、眼周棕白色，颊部耳羽为棕栗色，头顶和后颈棕褐色具细密黑纹，无冠羽。上体沙棕褐色，并且具有黑褐色纵纹，多而密且显著。飞羽暗褐色，翅膀较尖长，翅上覆羽淡棕褐色，双翅折合时，三级飞羽与翅端超过或等于跗蹠长度。下体白色，胸部有散布较开纵纹，两胁具有棕褐色纵纹。尾羽大多为黑褐色，最外侧一对尾羽白色，羽基、外翈缘黑褐色，外侧第二对的尾羽外缘为白色。脚肉棕色，跗蹠后缘钝具盾状鳞，后爪长而直。雌雄同形同色。

习性与分布 喜栖息在温带草原、热带沙漠、温带疏灌丛和亚热带或热带的干燥疏灌丛低地。单独活动，善地面奔走，受惊扰时多藏匿不动。飞行时声音为特征性轻音，盘旋下飞时鸣声多变而悦耳。筑巢于多沙砾的沙土地或河滩。主要以植物种子及嫩芽、昆虫等为食。冬候鸟。11 月至次年 3 月常见于里蹦岛、沁水河口、高陵水库、银湖等周边杂草稀疏的偏沙质荒滩。

短趾百灵/20161117 孙虎山摄于沁水河口

3. 风头百灵　[Crested Lark, *Galerida cristata*]

形态特征　体长 18 cm，体形较大的具褐色纵纹的百灵。嘴黄粉色，端部深色，较细长而略下弯。虹膜深褐色。贯眼纹黑褐色，具有淡棕白色的眼先、颊和眉纹，耳羽棕色。体色棕褐色并具有斑纹，头顶具有较深的黑褐色纵纹，头顶中央的长羽形成长而窄的羽冠，具有黑色的羽干纹。上体沙褐色而具近黑色纵纹。翅尖且长，深棕色且外翈为黄色，三级飞羽较长，翼上覆羽浅褐色或沙褐色。下体浅皮黄色，胸侧深棕色，黑色纵纹明显，腹部棕白色，两胁沙褐色。尾中等长度，呈现为叉形，尾羽为暗褐色，中央一对尾羽浅褐色，外侧尾羽常具有皮黄色，尾覆羽皮黄色。脚、爪偏粉色，跗蹠后缘钝具盾状鳞，后趾爪长而直，强健有力。雌雄同形同色。

习性与分布　主要栖息于干燥平原、旷野、半荒漠、沙漠边缘、农耕地及弃耕地等地。除繁殖期外喜集小群活动，善于地面行走。飞行时呈波浪状。鸣声婉转清脆，喜欢长时间鸣啭。主要以草籽、嫩芽、浆果等为食，也捕食昆虫，如甲虫、蝗虫等。冬候鸟。11 月至次年 3 月常见于辛安河公园、高陵水库、银湖等周边的杂草较矮的荒滩。

风头百灵/20170106 孙虎山摄于辛安河公园

4. 云雀 [Eurasian Skylark, *Alauda arvensis*]

形态特征 体长 18 cm。嘴细小且为黑褐色。虹膜深褐色。头顶具有延长羽形成的羽冠和较细黑褐色细轴纹，受惊时羽冠耸起较明显。眼先和眉纹白色或棕白色，颊和耳羽淡棕色杂以黑色细纹。上体沙棕色或皮黄色，有的沾有灰褐色，羽干纹黑褐色，头、枕、后颈及尾上覆羽黑褐色羽干纹较细，背部黑褐色羽干纹较粗。翅上覆羽黑褐色具棕色羽缘和先端，飞羽黑褐色具棕色羽缘，三级飞羽较长。下体白色，胸多棕白色，密缀黑褐色羽干纹，两胁黄褐色，有的亦具棕褐色纵纹。尾羽中等长度黑褐色，具棕色羽缘，最外侧一对尾羽近白色，其余尾羽黑褐色具白色羽缘，尾具浅叉。脚肉褐色。雌雄羽色相似。

习性与分布 栖息于长有短草的开阔地区，开阔的干湿平原、草地、低山平地、沼泽、河边、沙滩、草丛、坟地、荒山坡和农田，也出现于有少许树木生长的山地和林缘地带，尤其喜欢湖泊、河流、水塘等近水草地以及沿海平原。常骤然自地面垂直起飞，冲向云霄，并且升到一定高度后鸣唱。杂食性，主要以植物种子为食。冬候鸟。8 月至次年 3 月常见于外夹河回里镇段、高陵水库、里蹦岛等地。

云雀/20161204 孙虎山摄于外夹河回里镇段

（九）扇尾莺科　[Cisticolidae]

小型鸣禽。雌雄羽色相似，以灰褐色为主。翼圆短，不擅长距离飞行。尾羽变化大，部分种类甚长，约占体长之半。多栖息于草原、灌丛以及沼泽地，性隐匿，不易观察。多不善鸣叫，求偶时会展示花式飞行。以昆虫等为食。巢为杯状或圆顶状，栖息地稳定。

1. 棕扇尾莺　[Zitting Cisticola, *Cisticola juncidis*]

形态特征　体长 10 cm。上嘴红褐色，下嘴粉红色。虹膜红褐色。眉纹、眼先棕白色，颊和耳羽淡棕色，头侧后颈淡栗色，后颈具褐色羽干纹。上体栗棕色具粗著的黑褐色羽干纹，下背、腰和尾上覆羽黑褐色，羽干纹细弱而不明显。两翅暗褐色，羽缘栗棕色。下体白色，两胁沾棕黄色，翼下覆羽白色带有棕色。尾为凸状，中央尾羽最长，暗褐色具黑色次端斑和灰色端斑，外侧尾羽暗褐色具黑色次端斑和白色端斑。脚肉红色。

棕扇尾莺/20180603 孙虎山摄于辛安河公园

习性与分布　栖息于低山丘陵、平原中的灌丛、开阔草地、农田、沼泽、低矮的芦苇地带等。单独或成对活动。繁殖期叫声独特，求偶飞行时雄鸟在其配偶上空做振翼悬空并盘旋鸣叫，非繁殖期惧生而不易见到。主要以昆虫及其幼虫为食。夏候鸟，4～11 月常见于外夹河莱山至芝罘段、内夹河福山段、高陵水库、银湖、沁水河口、辛安河公园等地。

2. 纯色山鹪莺 [Plain Prinia, *Prinia inornata*]

形态特征 体长15 cm。上嘴褐色或黑褐色，下嘴角黄色或黄白色。虹膜淡褐色或黄褐色。眼先、眉纹和眼周棕白色，颊和耳羽淡褐色或黄褐色，有时亦呈浅棕白色。上体灰褐色，头顶羽色较深，额更显棕色，有时头顶具暗色羽干纹微具棕色羽缘，背、腰沾橄榄色。翅上覆羽浅褐色，飞羽褐色或浅褐色，翅下覆羽浅棕色。下体白色沾皮黄色，尤以胸、两胁和尾下覆羽较著，有的两胁还沾褐色，腋羽棕色。尾长，占身长一半以上，呈凸状，外侧尾羽依次缩短；灰褐色或淡褐色，具隐约可见的横斑，尤以中央尾羽较明显；外侧尾羽较模糊，但外侧尾羽具不明显的黑色亚端斑和极窄的白色端斑。覆腿羽浅棕色。脚肉色或肉红色。冬羽尾较夏羽为长，上体偏红棕褐色，下体偏棕色。雌雄羽色相似。

习性与分布 栖息于海拔1500 m以下的低山丘陵、山脚和平原地带的农田、果园和村庄附近的草地和灌丛中。常单独或成对活动，偶尔亦见成小群。以鞘翅目、膜翅目、鳞翅目等昆虫及其幼虫为食，也吃少量蜘蛛等其他小型无脊椎动物和杂草种子等植物性食物。夏候鸟。5～9月常见于外夹河莱山段、内夹河福山段、长春湖等地。

纯色山鹪莺/20180822 李欣洋摄于长春湖

(十)苇莺科　[Acrocephalidae]

体形较大。嘴细长,有时稍阔,几乎与头部等长,嘴须发达。体色多为淡褐色。翅和尾约等长,第一枚初级飞羽微小而尖不及第二枚长度的1/3。尾形稍圆或凸形不著,外侧尾羽超过尾长的3/4。跗蹠长。

1. 东方大苇莺　[Oriental Reed Warbler, *Acrocephalus orientalis*]

形态特征　体长19 cm。上嘴黑褐色,下嘴肉红色,先端茶褐色。虹膜褐色。眼先深褐色,眉纹皮黄色短而显著,贯眼线暗褐色,耳羽淡棕色。额、枕、背橄榄褐色,腰及尾上覆羽棕色。飞羽及覆羽深褐色,第一枚初级飞羽的长度不超过初级覆羽。下体的颏、喉、上胸部白色,下喉及上胸羽毛具细的棕褐色羽干纹,向后变为皮黄色,两胁皮黄沾棕色。尾圆形,褐色并具污白色羽端缘,越外侧尾羽的白色羽端越明显。覆腿羽色深,脚铅蓝色。冬羽下喉及上胸部羽毛的棕褐色羽干细纹明显。

东方大苇莺/20170528 孙虎山摄于夹河生态园

习性与分布　栖息于湖畔、河边、水塘、沼泽等水域及其附近的芦苇与草丛中。常单独或成对活动,性活泼,常频繁地在草茎或灌丛枝间跳跃、攀缘。主要以鳞翅目幼虫、甲虫、蚂蚁、豆娘和水生昆虫等为食,也吃蜘蛛、蜗牛等其他无脊椎动物和少量植物果实和种子。夏候鸟。5～9月常见于辛安河繁荣庄段、内夹河福山段、外夹河莱山段、银湖等地。

2. 黑眉苇莺 [Black-browed Reed Warbler, *Acrocephalus bistrigiceps*]

形态特征 体长 13 cm。嘴黑褐色，下嘴色浅。虹膜暗褐色。眼先至眼后有一条淡褐色细贯眼纹，眉纹黄白色，上缘黑褐色，形成显著的黑、黄白双眉纹，颊部和耳羽褐色。上体橄榄棕褐色，腰部和尾上覆羽棕褐色。飞羽和翅上覆羽黑褐色，飞羽外缘淡棕色，第二枚初级飞羽较第六枚短。下体污白色沾棕色，胸部和两胁缀深棕褐色，尾下覆羽淡棕色。圆形尾，尾羽暗褐色，羽缘带绣赤褐色，端部淡色。脚暗褐色。雌雄羽色相似。

习性与分布 栖息在海拔 900 m 以下的低山丘陵和山脚平原地带的湖泊、河流、水塘、沼泽等水域岸边灌丛和芦苇丛中。单独和成对活动，性机警，行动敏捷，能灵巧地在芦苇茎叶间跳跃穿梭。主要以鞘翅目、鳞翅目、直翅目等昆虫及其幼虫为食，也吃蜘蛛等其他无脊椎动物。旅鸟。4～5 月常见于外夹河莱山至芝罘段、内夹河福山段、夹河生态园、银湖、养马岛等地。

黑眉苇莺/20180519 孙虎山摄于内夹河福山段

3. 细纹苇莺　［Streaked Reed Warbler, *Acrocephalus sorghophilus*］

形态特征　体长 13 cm。嘴较粗长，上嘴黑褐色，下嘴肉黄色。虹膜暗褐色。眉纹皮黄色，宽长而显著，从嘴基直到耳羽上面，眉纹上面有一窄的黑色侧冠纹，贯眼纹黑褐色，颊和耳羽赭黄色。上体为赭褐色或赭黄褐色，头顶至背具黑褐色细纵纹，其中头顶至后颈纵纹极细微，背、肩纵纹较显著，腰、尾上覆羽赤褐色。两翅覆羽和飞羽黑褐色，羽缘茶黄褐色与背相似，中覆羽深灰色形成略深翼斑。下体颏、喉黄白色，胸、腹侧、两胁和尾下覆羽黄褐色，腹中央乳白色。尾羽棕褐色，羽缘色淡，有的尾羽具不甚明显的暗色横斑。跗蹠、趾橄榄褐色或淡铅绿色，爪黑色。冬羽上体稍黄褐色，眉纹和上体纵纹较明显。雌雄羽色相似。

习性与分布　主要栖息于湖泊、河流等水域及其附近的芦苇丛和草丛中。多单独活动，性机警。叫声刺耳且不连贯。以鞘翅目、鳞翅目、直翅目等昆虫及其幼虫为食，育雏期以捕食蚊、蝇、鳞翅目幼虫为主。夏候鸟或旅鸟。5～6 月常见于夹河生态园、外夹河莱山段、银湖等地。

细纹苇莺/20180526 孙虎山摄于夹河生态园

4. 钝翅苇莺 [Blunt-winged Warbler, *Acrocephalus concinens*]

形态特征 体长 14 cm。上嘴黑色，下嘴粉红色。虹膜褐色。白色的短眉纹不过眼，眉纹上无深色条带，具不明显的深褐色贯眼纹，耳羽和颈侧棕褐色，头顶羽毛常竖起显得较凸。上体深橄榄褐色，腰及尾上覆羽棕色。翅短圆，黑褐色，飞羽外翈羽缘淡棕褐色。下体白色，颏、喉、上胸和腹部中央纯白色，下胸、两胁和尾下覆羽沾棕黄褐色。尾较其他苇莺的短，黑褐色，尾羽具淡色羽缘。跗蹠橄榄褐色或肉褐色，脚底蓝色。冬羽下体更白，土褐色或灰褐色更多。雌雄羽色相似。

习性与分布 主要栖息于水域附近的芦苇地、草丛、灌丛等地带，也可在低山丘陵、山脚平原开阔地带的灌木丛。单独或成对活动，性隐匿，除繁殖期到芦苇和草丛顶端鸣唱外，很少到芦苇和草丛外面活动。主要以鳞翅目、鞘翅目等昆虫及其幼虫为食。夏候鸟。5～6 月常见于夹河生态园、内夹河福山段、养马岛等地。

钝翅苇莺/20180526 孙虎山摄于夹河生态园

5. 远东苇莺 ［Manchurian Reed Warbler, *Acrocephalus tangorum*］

形态特征 体长 14 cm。嘴长大而宽，上嘴色深，下嘴粉红色。虹膜褐色。眉纹白色，很醒目，从鼻孔延伸到耳后。眉纹上具黑色条纹，很短，仅局限在眼睛上方，与头顶颜色对比不强烈。贯眼纹黑色，较细。颏、喉白色。上体橄榄棕褐色，头顶色暗，腰部及其尾上覆羽为鲜亮的淡棕褐色。飞羽和翼覆羽为黑褐色，羽缘淡棕色。下体胸、腹白色并带有皮黄色，两胁、尾下覆羽沾棕色。尾羽较窄，羽端比较尖，暗褐色，并且带有不明显的暗色横斑，羽缘为淡棕褐色。脚橙褐色。

习性与分布 主要栖息于湖泊、水库、河流等水域岸边的灌丛和草丛中。单独或成对活动，迁徙期成群。行动敏捷，常在芦苇丛中穿行。主要以昆虫及其幼虫为食。旅鸟。5～6 月见于辛安河繁荣庄段、外夹河莱山段到芝罘段等地的芦苇荡。

远东苇莺/20180520 孙虎山摄于外夹河芝罘段

6. 厚嘴苇莺 [Thick-billed Warbler, *Arundinax aedon*]

形态特征 体长 20 cm，大型苇莺。嘴粗短，上嘴黑褐色，下嘴基部淡黄褐色，嘴须发达，具副须。虹膜暗褐色。眼先、眼周皮黄色，几乎无眉纹，颊部和耳羽淡橄榄褐色，耳羽区杂以淡皮黄色纤细羽轴纹。上体羽自头顶至背、肩部均呈橄榄棕褐色，腰和尾上覆羽转为鲜亮棕褐色。飞羽和翅上覆羽黑褐色，飞羽外侧羽缘淡棕色，翅上覆羽羽缘棕褐色。下体羽在颏、喉部和腹部中央均为白色，并微带有棕黄色，胸部和两胁、尾下覆羽均为淡棕色，翅下覆羽和腋羽为淡棕黄褐色。尾羽棕褐色，缀以不明显的暗褐色横斑纹，羽缘淡棕色。脚暗铅褐色。雌鸟羽色较暗淡。

习性与分布 主要栖息于低海拔的低山丘陵和山脚平原地带。常单独或成对地在茂密的灌丛、草丛中活动和觅食，行为隐蔽，迅速敏捷，在繁殖季节才站在巢附近的高树枝上鸣唱。主要食物有鳞翅目、鞘翅目、直翅目、半翅目等昆虫，也吃蜘蛛、蛞蝓等其他无脊椎动物。旅鸟。8～9 月见于辛安河繁荣庄段、外夹河莱山段等芦苇荡。

厚嘴苇莺/20160826 孙虎山摄于辛安河繁荣庄段

（十一）蝗莺科　[Locustellidae]

小型鸣禽，身体比较瘦长。雌雄鸟体色相似，嘴须甚小，额羽短钝，羽干不延伸，除喙嘴须外不具副须。初级飞羽第一枚长度不及第三枚的 1/3。具长而尖的尾，尾羽 12 枚，尾凸型十分显著，外侧尾羽不及尾长的 3/4。

1. 小蝗莺　[Pallas's Grasshopper Warbler, *Locustella certhiola*]

形态特征　体长 15 cm。上嘴暗褐色，下嘴黄褐色。虹膜暗褐色。眉纹黄白色，贯眼纹黑色细而不明显，前额橄榄褐色，眼先、耳羽棕褐色，颈侧部边缘灰白色。上体呈橙褐色，白头顶至背部具显著的黑褐色粗纵纹，腰部色泽略淡。飞羽和翅上覆羽黑褐色，覆羽外缘淡灰褐色，第二枚飞羽外翈缘泛白。下体的颏、喉、腹近白色，胸部淡棕褐色，有的胸部具黑褐色斑点，两胁及尾下覆羽橄榄褐色至淡黄褐色，后者先端泛白。尾羽暗棕褐色，近端较黑，先端缀灰白色斑甚显著，但两枚中央尾羽无近端黑斑，端白而呈纯棕褐色，尾羽表面具隐约显现的暗色横纹。脚暗褐色。雌雄羽色相似。

小蝗莺/20170530 孙虎山摄于养马岛

习性与分布　主要栖息于湖泊、河流等水域附近的沼泽地带、低矮树木、灌丛、芦苇丛中及草地，亦见于麦田。常单独或成对活动。性怯懦，活动很隐蔽。主要食物为各种昆虫及其幼虫，偶尔也吃少量植物性食物。旅鸟。5～6 月见于养马岛等地。

(十二)燕科 [Hirundinidae]

小型鸣禽,体形比较纤小。嘴形短小宽阔而平扁,先端稍向下曲,嘴裂很深,外观呈三角形,鼻孔裸露,嘴须短。颈粗短。体羽大多为黑色或黑褐色。具有狭长的翅,初级飞羽 9 枚,前两枚几乎等长,次级飞羽短,最长者约为 1/2 翼长,形成狭长翼形,利于长时间飞行。尾羽成叉状或深叉状,尾羽 12 枚。脚、趾都比较短弱,跗蹠除了少数种类外,通常不被羽,前缘具盾状鳞。雄鸟尾羽略长。喜欢结群,一边在空中迅速地飞行,一边捕食昆虫等。

1. 家燕 [Barn Swallow, *Hirundo rustica*]

形态特征 体长 20 cm。嘴黑褐色,短而宽扁,基部宽大呈三角形,上喙近先端有一缺刻,口裂极深,嘴须不发达。虹膜暗褐色。前额深栗色。上体从头顶一直到尾上覆羽均为蓝黑色而富有金属光泽。翅黑色,具蓝色或金属光泽,狭长而尖似镰刀。下体颏、喉和上胸栗色或棕栗色,其后有一不整齐的黑色环带,下胸、腹和尾下覆羽白色或棕白色。尾长,呈深叉状,最外侧一对尾羽特形延长,其余尾羽由两侧向中央依次递减,除中央一对尾羽外,所有尾羽内翈均具一大型白斑,飞行尾平展时,白斑相互连成“V”形。跗蹠和趾黑色。

习性与分布 栖息在中低海拔的开阔地带,常可见到它们成对地停落在村落附近的田野和河岸的树枝、电线杆和电线上,也常结队在河滩、田野飞行掠过。鸣声尖锐而短促。主要捕食双翅目、膜翅目、蜻蜓目等昆虫,以蚊、蝇为主。夏候鸟。3～10 月常见于烟台各地。

家燕/20170531 孙虎山摄于养马岛

2. 金腰燕 [Red-rumped Swallow, *Cecropis daurica*]

形态特征 体长 18 cm。嘴黑褐色，短而宽扁，基部宽大呈三角形，上嘴近先端有一缺刻，口裂深，嘴须不发达。虹膜褐色。眼先棕灰色，羽端略黑，耳羽暗棕黄色，具有黑色羽干纹，自眼后上方至颈侧栗黄色。上体从前额、头顶一直到背均为蓝黑色而具金属光泽，有的后颈杂有栗黄色或棕栗色、形成领环，有的后颈微杂棕栗色，腰部有明显的栗黄色或棕栗色腰带。翅狭长而尖，小覆羽和中覆羽与背同色，其余外侧覆羽和飞羽黑褐色，内侧羽缘稍淡，外侧微具光泽。下体棕白色、满杂以黑色纵纹。尾长，最外侧一对尾羽最长，往内依次缩短，尾呈深叉状，尾羽为黑褐色，除最外侧一对尾羽外，其余尾羽外侧微具蓝黑色金属光泽，尾下覆羽纵纹细而疏，羽端亦为辉蓝黑色。跗蹠及趾黑色，短而细弱。

习性与分布 栖息于低山及平原农村附近的空旷地区，多见于山间村镇附近的树枝或电线上，生活习性与家燕相似，不同的是它常停栖在山区海拔较高的地方，有时和家燕混飞在一起，飞行却不如家燕迅速，常常停翔在高空，鸣声较家燕稍响亮。结小群活动，飞行时振翼较缓慢且比其他燕类更喜高空翱翔。主要以昆虫为食，包括双翅目、膜翅目、鳞翅目、鞘翅目、同翅目、蜻蜓目等昆虫。夏候鸟。3～10 月常见于烟台各地。

金腰燕/20160505 孙虎山摄于银湖

（十三）鹎科 ［Pycnonotidae］

中小型鸣禽。嘴较长，细尖或粗厚，先端微下弯，甚至嘴尖有钩或有钩及凹痕，鼻孔裸露或部分被羽。有些种类有羽冠。颈短，常有发状羽毛。多数种类为橄榄绿色、棕色、黄色或黑色，少数种类颜色较为鲜艳。体羽长而松软。翅短圆或尖长，第一枚初级飞羽长度为第二枚的一半。尾细长，方尾或圆尾。腿短，跗蹠短弱，大多被靴状鳞。雌雄羽色相似。

1. 白头鹎 ［Light-vented Bulbul，*Pycnonotus sinensis*］

白头鹎/20170507
孙虎山摄于外夹河芝罘段

形态特征 体长 19 cm。嘴黑色，虹膜褐色。额至头顶纯黑色而富有光泽，两眼上方至后枕具一白色枕环，耳羽后部有一白斑，白环与白斑在黑色的头部极为醒目，老鸟更洁白，耳羽前部黑褐色，颏、喉部白色。上体褐灰或橄榄灰色具黄绿色羽缘，使上体形成不明显的暗色纵纹，背和腰羽大部为灰绿色。两翅暗褐色具黄绿色羽缘。胸灰褐色，形成不明显的宽阔胸带，腹部白色或灰白色带有黄绿色条纹。尾暗褐色具黄绿色羽缘。脚黑色。

习性与分布 栖息于低山丘陵和平原地区的林区及林缘地带、灌丛、草地、果园、农田地边、居民区和城市公园。性活泼，善鸣叫，小群活动，冬季可集大群，不做长距离飞行。杂食性，主要捕食昆虫及其幼虫，以及植物果实和种子。留鸟。常见于烟台各地。

2. 栗耳短脚鹎 [Brown-eared Bulbul, *Hypsipetes amaurotis*]

形态特征 体长 28 cm。嘴尖长,深灰色。虹膜褐色。额、头顶至后枕灰色微具白色中央纹,尤以前头的白色中央纹较显著,头顶羽毛尖长,向后形成不明显的冠羽,后枕具少量发丝状纤羽。耳羽栗色,向颈侧延伸至下喉,在头侧和颈侧形成大的红斑,眼先灰黑色或黑色,颈侧深灰色。颏、喉灰色或灰白色。后颈、背、肩、腰等上体暗灰色或褐色,羽缘灰色。两翅褐色。胸灰色具白色纵纹,腹灰白沾褐,两胁具黑色点斑,下腹中央白色或白色沾褐。尾褐色,尾下覆羽灰褐色具宽的灰白色羽缘。脚黑色。

习性与分布 主要栖息于低山阔叶林、混交林的林缘地带,也出没于城镇公园、果园、村舍、地旁、路边等人类居住环境附近的疏林和杂木林中。常 3～5 只成群活动,多在树冠尾枝叶间活动和觅食,性活泼、善鸣叫。杂食性,主要以乔木和灌木的果实与种子为食,也吃部分昆虫。旅鸟。10～12 月常见于夹河生态园、东山宾馆、南山公园等地。

栗耳短脚鹎/20171109 孙虎山摄于夹河生态园

（十四）柳莺科 ［Phylloscopidae］

体形比麻雀小。嘴细尖，嘴须前尚具副须。额羽松散，羽干延伸。背羽以橄榄绿色或褐色为主。下体淡白。尾羽12枚。多栖于森林，常在枝尖不停地穿飞捕虫，有时飞离枝头扇翅，将昆虫轰赶起来，再追上去啄食，所以是十分活跃的小鸟。在枝间跳跃时，不时地发出一声声细尖而清脆的“吱儿”声。

1. 褐柳莺 ［Dusky Warbler，*Phylloscopus fuscatus*］

褐柳莺 /20180424 孙虎山摄于养马岛

形态特征 体长11 cm。嘴细小，上嘴黑褐色，下嘴橙黄色、尖端暗褐色。虹膜暗褐色或黑褐色。眉纹前端白色后端棕色，暗褐色的贯眼纹从眼先经眼向后延伸至枕侧，颊和耳覆羽褐色而杂有浅棕色，颏、喉白色带有皮黄色。上体额、头顶、背、肩和腰橄榄褐色。翅短圆，内侧覆羽颜色同背部，其余覆羽和飞羽暗褐色，翅下覆羽为皮黄色。下体乳白色，胸、两胁沾黄褐色，腋羽皮黄色。尾圆而略凹，暗褐色，上面沾有淡棕色，羽缘亦较淡具明显的橄榄褐色，尾下覆羽淡棕色有时带有褐色。脚细长，淡褐色。

习性与分布 栖息于山脚平原到中高山灌木丛，喜欢树木稀疏的林地、林缘及河流沿岸的疏林与灌木丛，还有可能在农田、果园等地。鸣叫声尖锐，近似“嘎叭”声。主要以昆虫为食。旅鸟。4～5月、9～10月常见于养马岛、鲁大山及夹河等河流附近的灌丛或草地。

2. 棕眉柳莺　[**Yellow-streaked Warbler**, ***Phylloscopus armandii***]

形态特征　体长 12 cm。上嘴短而尖，黑褐色，下嘴较淡基部黄褐色。虹膜褐色或暗褐色。眉纹棕白色长而显著，贯眼纹暗褐色，自眼先经眼向后一直延伸到耳覆羽上缘，颊和耳覆羽棕褐色，颈侧黄褐色。上体额、头顶、背、肩、腰和尾上覆羽橄榄褐色微沾灰色，额羽松散沾棕，腰沾黄绿色。两翅黑褐色或暗褐色，翅上无翼斑，外翈羽缘较淡为棕褐色或橄榄褐色。下体白色具细的黄绿色纵纹，两胁皮黄色稍带有橄榄褐色，尾下覆羽皮黄色。尾羽黑褐色具浅绿褐色羽缘，因而使两翅和尾表面与背同色。脚铅褐色。

习性与分布　栖息于海拔 3200 m 以下的中低山地区和山脚平原地带的森林，尤以针叶林和杨桦林以及林缘及河边灌丛地带较常见。常单独或成对活动，有时也集成松散的小群在灌木和树枝间跳跃觅食。鸣声独特。主要以毛虫、蚱蜢等鳞翅目、直翅目、鞘翅目、双翅目等昆虫及其幼虫为食。旅鸟。4～5 月、9～10 月常见于芝罘岛、养马岛等地的灌丛。

棕眉柳莺/20171012 孙虎山摄于大黑山岛

3. 巨嘴柳莺 ［Radde's Warbler, *Phylloscopus schwarzi*］

形态特征 体长 12.5 cm，大型柳莺。嘴形厚而似山雀，上嘴褐色，下嘴黄褐色。虹膜褐色。眉纹长，延伸到枕后，前黄后白，前端界限较模糊；自眼先有一暗褐色的贯眼纹，伸至耳羽的后上方；颊和耳羽均为棕色与褐色相混杂，颏和喉近白色。上体额、头顶、后颈、背和肩橄榄褐色。翅外侧飞羽及覆羽暗褐色，内侧飞羽橄榄褐色，无翼斑。下体胸、两胁、腋羽、尾下覆羽均呈浓淡不等的棕褐色，腹部为污白色。尾羽暗褐色，羽缘微棕褐色。脚黄褐色。

习性与分布 栖息于低山丘陵和山脚平原地带的阔叶林、针阔混交林下灌丛、矮树枝上或林缘草地。性胆小机警，常在密枝上跳跃不定，在地面觅食。主要捕食鳞翅目、鞘翅目、同翅目、双翅目等昆虫及其幼虫。旅鸟。4～5 月、8～9 月常见于沁水河公园、内夹河福山段、高陵水库等地。

巨嘴柳莺/20180924 孙虎山摄于沁水河公园

4. 云南柳莺　[**Chinese Leaf Warbler**, ***Phylloscopus yunnanensis***]

形态特征　体长 10 cm。嘴黑褐色，下嘴基部褐黄色。虹膜暗褐色，眼下和眼周淡皮黄白色，形成一个星月形的不完整的眼周。头顶暗橄榄灰褐色，中央有一条淡橄榄灰色纵纹从前额向后一直延伸到后枕部，有时纵纹前半部相当不明显，眉纹黄白色并且长而显著，从鼻开始沿眼上向后一直到耳覆羽后面，暗橄榄褐色贯眼纹延伸到耳覆羽，其余耳覆羽淡皮黄橄榄灰色。颈灰橄榄色，颈侧较淡较灰。上体翕、肩、背及尾上覆羽灰橄榄色，腰黄白色。下体白色而沾淡黄色，颏、喉纯白色，胸侧和两胁沾有不明显的橄榄灰色，胸侧有一小的橄榄灰色斑，喉和胸之间有一窄的淡橄榄灰色横带，腋羽黄白色。小覆羽灰橄榄色沾更多绿色，中覆羽暗褐色，外侧 4 枚尖端淡橄榄灰色，形成一短而窄的翅斑，大覆羽暗褐色具灰橄榄色羽缘，外翈尖端淡黄白色形成宽阔而明显的淡黄白色翅斑，初级覆羽暗褐色，羽缘灰橄榄色，初级飞羽暗褐色，羽缘淡褐色或灰橄榄绿色，三级飞羽暗褐色，羽缘灰橄榄色而尖端白色，所有飞羽内翈羽缘淡白色，翅下覆羽为黄白色。尾羽暗褐色，羽缘灰橄榄色。跗蹠暗褐灰色或灰褐色，有的缀有肉色。

习性与分布　栖于低地落叶次生林，极少超过海拔 2600 m。常单独或成对活动。主要以鳞翅目、直翅目、鞘翅目等昆虫及其幼虫为食。旅鸟。4～5 月、9～10 月常见于鲁大山、外夹河莱山段等林地。

云南柳莺/20170512 孙虎山摄于鲁东大学北校区

5. 黄腰柳莺 ［**Pallas's Leaf Warbler,*Phylloscopus proregulus***］

形态特征 体长 9 cm,体小。嘴黑褐色,下嘴基部暗黄色。虹膜暗褐色。眉纹显著,呈黄绿色,自嘴基一直伸到头的后部,自眼先有一条暗褐色贯眼纹,沿着眉纹下面向后延伸至枕部,颊和耳上覆羽为暗绿与绿黄色相杂。上体橄榄绿色,前额稍浅,头顶稍暗,具醒目的淡绿黄色中央冠纹,后颈、背、肩、尾上覆羽及两翼内侧覆羽均呈橄榄绿色,腰黄色形成宽阔而明显的横带。翼的外侧覆羽以及飞羽均呈黑褐色,羽缘黄绿色,中覆羽和大覆羽的先端淡黄绿色,形成翅上明显的两道翼斑,最内侧 3 级飞羽亦具白端,翅下覆羽黄绿色。下体苍白色,两胁和腋羽沾有黄绿色,尾下覆羽黄白色。尾羽黑褐色,各羽外翈羽缘黄绿色,内翈具狭窄的灰白羽缘。脚淡褐色。

习性与分布 栖息于针叶林和针阔叶混交林,从山脚平原一直到山上部林缘、疏林地带皆有栖息。单独或成对活动在高大的树冠层中。性活泼、行动敏捷,常在树顶枝叶间跳来跳去寻觅食物。食物主要为昆虫及其幼虫。旅鸟。4～5 月、9～10 月常见于夹河生态园、辛安河公园、辛安河繁荣庄段、鱼鸟河公园、沁水河公园、鲁东大学等地。

黄腰柳莺/20171011 孙虎山摄于鲁东大学北校区

6. 黄眉柳莺 [Yellow-browed Warbler, *Phylloscopus inornatus*]

形态特征 体长 11 cm。嘴黑色，下嘴基部淡黄色。虹膜暗褐色。眉纹宽阔，淡黄色，长而明显，贯眼纹暗褐色，自眼先穿过眼睛直达枕部。头部羽色为较深的橄榄绿色，在头顶的中央贯以一条若隐若现的黄绿色纵纹，头的余部为黄色与绿褐色相混杂。上体橄榄绿色。翼上覆羽与飞羽黑褐色，飞羽外翈狭缘黄绿色，除最外侧几枚飞羽外，余者羽端均缀以白色，大覆羽和中覆羽尖端淡黄白色，形成翅上的两道翼斑，翅下覆羽黄绿色。下体白色，胸、胁及腋羽均稍沾绿黄色。尾羽黑褐色，外缘具橄榄绿色狭缘，内缘白色。脚淡棕褐色。

习性与分布 栖息于海拔几米至 4000 m 高原、山地和平原地带的阔叶林、针阔混交林，以及各种园林、田野、村落等地。多 3～5 只集群活动，性活泼，常在枝尖不停地穿飞捕虫，有时飞离枝头扇翅，将昆虫轰赶起来，再追上去啄食。主要捕食鳞翅目、鞘翅目等昆虫及其幼虫。旅鸟。4～5 月、9～10 月常见于夹河生态园、辛安河公园、鱼鸟河公园、养马岛、银湖、鲁东大学校园等地。

黄眉柳莺/20171014 孙虎山摄于鲁东大学北校区

7. 极北柳莺 [Arctic Warbler, *Phylloscopus borealis*]

形态特征 体长 12 cm，大型柳莺。头显得大，体较长而尾短。嘴较粗大而下弯，上嘴黑褐色，下嘴黄褐色，嘴尖处有黑斑。虹膜暗褐色。眉纹黄白色，长而明显，贯眼纹黑褐色，长而宽阔，自鼻孔经眼先和眼延伸至枕部，颊部和耳上覆羽淡黄绿色而混杂橄榄绿色。上体前额、头顶、后颈、背和肩均呈灰橄榄绿色，腰部色淡偏绿色，尾上覆羽淡绿色。飞羽黑褐色，各羽外翈羽缘橄榄绿色或暗绿色，内翈具极狭窄的灰白色羽缘，第一枚初级飞羽短小而尖锐，大覆羽先端淡黄色，形成一道翅上翼斑，有时不明显，翅下覆羽为淡黄白色。下体白色沾黄，两胁缀以灰绿色，腋羽白色微沾黄色，尾下覆羽浓黄白色。尾羽黑褐色，外翈羽缘灰橄榄绿色，内翈具狭窄的灰白色羽缘，尤以外侧几对尾羽明显。跗蹠和趾肉色。

习性与分布 栖息于中低海拔的针叶林、稀疏的阔叶林、针阔混交林及其林缘的灌丛地带，尤其是在河谷和离水源不远的杨、桦针阔叶混交林和针叶林中最常见，迁徙期间也见于次生林、人工林林缘，以及果园、庭院、道旁和宅旁小林内。主要以昆虫及其虫卵为食。旅鸟。5～6 月、9～10 月常见于夹河生态园、鱼鸟河公园、东山宾馆、鲁大山等地。

极北柳莺/20180516 孙虎山摄于夹河生态园

8. 双斑绿柳莺　［Two-barred Warbler，*Phylloscopus plumbeitarsus*］

形态特征　体长 12 cm。上嘴黑褐色，下嘴淡黄褐色。虹膜暗褐色。眉纹白色，长而显著，向前延伸到鼻孔处，在前额相连；贯眼纹暗褐色，自鼻孔向后延伸至枕部；颊褐色，耳羽褐色混杂浅黄色。上体为橄榄绿色，头顶稍暗，无顶纹，腰绿色。翅下覆羽和腋羽白色带黄色。飞羽和翅上覆羽黑褐色，各羽外翈羽缘黄绿色，大覆羽和中覆羽先端淡黄白色，形成两道十分抢眼的黄白色翅斑。下体包括尾下覆羽为污灰白色，稍沾黄色，两胁缀以橄榄绿灰色。尾羽黑褐色，外翈羽缘暗绿色。脚暗褐色。

习性与分布　栖息于针叶林、针阔叶混交林、白桦及白杨树丛中。春季迁徙期间常成小群活动在林缘或道旁次生林及灌丛中，繁殖季节常在茂密的针叶林和针阔叶混交林的树冠层活动，冬季多在次生林或灌丛中活动。性活跃，常在树枝间飞来飞去。主要捕食甲虫、椿象、虻等昆虫，以及蜘蛛等小动物。旅鸟。4～5 月、9～10 月常见于夹河生态园、外夹河芝罘段、银湖、鲁大山等地。

双斑绿柳莺/20170422 孙虎山摄于外夹河芝罘段

9. 淡脚柳莺 [Pale-legged Leaf Warbler, *Phylloscopus tenellipes*]

形态特征 体长 11 cm。嘴较大，上嘴暗褐色，下嘴褐色基部肉色。虹膜暗褐色，有白色眼圈。眉纹细长，从嘴基直达颈后，前段皮黄色，后段白色。贯眼纹暗橄榄褐色，两颊、耳上覆羽皮黄与黑褐两色相杂。上体头顶、后颈、背、肩、腰和尾上覆羽橄榄褐色，头顶稍暗，腰部和尾上覆羽沾锈红色。翅黑褐色，覆羽外翈羽缘比较淡，中、大覆羽羽尖浓皮黄色，在翅上形成两道翅斑，第一道翅斑不甚明显，翅下覆羽及腋羽淡黄色。下体污白色，两胁及臀淡黄色沾灰。尾羽暗褐色，尾下覆羽皮黄色，尾部的羽缘均为黄褐色。跗蹠及趾浅粉色或肉色，很显眼。

习性与分布 栖息于中海拔及其以下森林、平原、园林及丘陵灌丛，大多生活在密林深处尤其是沿河两岸树林，经常沿着河谷分布。单独、成对或结小群活动，性活泼，常在灌丛树枝上来回跳跃，尾常向下摆。主要以鳞翅目昆虫的幼虫为食，也吃其他昆虫。旅鸟。4～5 月、9～10 月常见于外夹河芝罘段、养马岛、鲁东大学校园等地。

淡脚柳莺/20161001 王宜艳摄于养马岛

10. 乌嘴柳莺 [Large-billed Leaf Warbler, *Phylloscopus magnirostris*]

形态特征 体长 12.5 cm。嘴暗褐色或棕褐色，下嘴基部角黄色，嘴端具钩。虹膜暗褐色。眉纹长宽并且明显，前黄色后白色，贯眼纹暗褐色，颊和耳羽褐和黄色相混杂，脸颊多黄色，耳羽多杂斑。上体橄榄褐色，头顶较暗。两翅黑褐色，外翈羽缘沾黄绿色，中覆羽和大覆羽具黄色或黄白色羽端，形成翅上两道翼斑，但中覆羽羽端黄白色常常不明显或缺失，通常在换羽后存在一段时间就消失了，因而常常只看到一道醒目的翅上翼斑。下体污白色，喉和胸灰白色，两胁近灰且常沾淡黄色，腋羽和尾下覆羽黄色。尾羽暗褐色，外翈羽缘呈黄绿色，内翈羽缘渐趋白色。跗蹠角褐色，爪褐色。

习性与分布 栖息于山地和高原的针叶林、针阔叶混交林、阔叶林或灌丛中，以及峡谷两岸的灌丛中和溪流两岸绿林中。繁殖期间领域感强，鸣声悦耳，富于节奏感，雄鸟叫声高而短。主要以昆虫及其幼虫为食。旅鸟。4～5 月、9～10 月常见于辛安河公园、夹河生态园、外夹河老岚村段到芝罘段等地。

乌嘴柳莺/20170422 孙虎山摄于辛安河公园

11. 冕柳莺 [Eastern Crowned Warbler, *Phylloscopus coronatus*]

形态特征 体长 12 cm。嘴较大,上嘴褐色,下嘴黄褐色。虹膜深褐色。额、头顶和后头灰暗绿色,较深暗,头上部中央有一条长而宽的淡黄色近白色顶冠纹十分抢眼,有时顶冠纹不完整,前端不明显。眉纹前端黄色,后端淡黄色或黄白色,贯眼纹暗褐色近黑色,自鼻孔经眼先、眼睛一直延伸至枕部,耳羽、两颊、喉侧淡灰乳白色。后颈、背、肩、腰、尾上覆羽等上体橄榄绿色,由前向后逐渐变淡,至腰及尾上覆羽变为淡黄绿色。下体乳白色,并若隐若现地稍沾黄色,胁部沾灰色,尾下覆羽辉黄色或呈淡绿黄色,与腹部的白成鲜明对比。两翼暗褐色,飞羽外翈边缘黄绿色,大覆羽先端淡黄色,形成一道翅斑。尾羽暗褐色,最外侧两对尾羽的内翈具狭窄白色羽缘。脚墨绿褐色或灰色。

习性与分布 栖息于中等及以下海拔的开阔林区。单独或成对活动,迁徙时成群,性活泼,多在槭、椴、水曲柳等阔叶树的树冠取食。主要以昆虫为食,包括尺蠖蛾科幼虫、螟蛾科幼虫、甲虫、步行虫,以及其他膜翅目、半翅目、鞘翅目、蜉蝣目等昆虫及其幼虫。旅鸟。4~5 月、8~9 月常见于外夹河芝罘段、养马岛、鲁东大学校园等林地。

冕柳莺/20170422 孙虎山摄于辛安河公园

（十五）树莺科 ［Cettiidae］

体形较小。嘴形短而尖，边缘光滑，上喙或具缺刻，嘴须不发达，仅几根，形短而细，不伸过嘴端。头顶无鳞状斑纹。通常具眼纹而无翼纹或顶纹。体色多为暗褐色，腰背同色。翅尾等长，两翼圆短，尾略显短呈圆尾状，外侧尾羽较中央尾羽稍短，尾正常具有10枚尾羽。脚细长而强。栖于矮树或灌丛间，性俱生，喜藏匿。卵色特殊，呈赤褐色。雌雄相似。

1. 远东树莺 ［Manchurian Bush Warbler，*Horornis canturians*］

形态特征 体长17 cm，大型树莺。嘴较小而细，上嘴褐色，下嘴色浅。虹膜褐色。皮黄色的眉纹显著，从嘴基延伸到颈后侧，贯眼纹棕褐色，额和头顶偏红色，无顶纹。上体偏红褐色，背部棕褐色，翅短而尾长，无翼斑。下体白色但有褐色细纹，喉部白色，两胁及尾下覆羽为暗皮黄色。脚粉红色。雌鸟比雄鸟小。

习性与分布 主要栖息在中低丘陵、山脚平原的林缘和次生林、灌丛中，以及宅旁丛林、草丛。单独或成对活动，性胆怯，擅长隐匿。鸣声从低颤音开始，以结尾短促的三音节高音结束。主要捕食鞘翅目、鳞翅目和直翅目的昆虫及其幼虫。夏候鸟。5～7月常见于昆嵛山、围子山、银湖等地。

远东树莺/20180601 孙虎山摄于围子山

(十六)长尾山雀科 [Aegithalidae]

体形很小,但长乃至甚长而突出的尾是本科鸟类的典型特征。嘴短小而尖似圆锥。头顶的羽毛长而松软。翅短而圆,体羽蓬松。跗蹠、趾细长。雌雄羽色相似。小巧灵活,喜欢集小群在山地森林中的树枝之间活动。

1. 银喉长尾山雀 [Silver-throated Bushtit, *Aegithalos glaucogularis*]

形态特征 体长 16 cm。嘴细短为黑色。虹膜深褐色。头顶至后枕两侧为黑色,中央冠纹污白色,额、眼先、颊和颈侧污灰白色,浅色羽毛常微沾葡萄酒粉红色。上体背至尾上覆羽为灰蓝色。翅灰褐以至黑褐色,内侧飞羽的羽缘较淡。下体颏、喉污白色,喉部中央有一银灰色块斑,胸部淡棕色,腹、两胁、尾下覆羽浅葡萄酒红色。尾长超过体长,黑褐色,最外侧 3 对尾羽具白色楔状端斑。脚棕黑色。亚成鸟下体色淡,胸棕色。

习性与分布 栖息在针叶林、针阔混交林和高山竹林中。结群跳跃穿梭在枝丫间。喜食直翅目、鳞翅目等昆虫的虫蛹、虫卵和植物种子与浆果。留鸟。常见于围子山、昆嵛山、养马岛、鲁大山等地,4~6 月繁殖期最为常见。

银喉长尾山雀(亚成鸟)/20180511 孙虎山摄于围子山

（十七）莺鹛科 ［Sylviidae］

本科包括原鸦雀科的大部分种类、原莺科中的林莺类、原画眉科中的部分雀鹛、原扇尾莺科的山鹛。共同特点有：体形较小，体色多较暗淡或较单一。头较大，斑纹较少。翅较短圆，无翅斑。尾长，尾的长度多大于翼长。跗蹠长。多喜灌丛、草丛、芦苇荡中活动，动作敏捷，善跳跃，多飞行能力不强。

1. 棕头鸦雀 ［Vinous-throated Parrotbill, *Sinosuthora webbiana*］

形态特征 体长 12 cm，小型鸣禽。嘴粗而短，灰褐色，嘴端色浅。虹膜暗褐色。眼先、颊和耳羽为棕栗色或暗灰色。上体额、头顶、后颈到上背为红棕色或者棕色，背、肩、腰和尾上覆羽为橄榄褐色或橄榄灰褐色。翼覆羽棕红色，飞羽褐色，翼上各羽外翈多具深淡不一的栗色或栗红色，尖端变淡。下体颏、喉、胸粉红棕色并具细微暗红棕色纵纹，腹部、两胁和尾下覆羽灰褐色。尾长，暗褐色。脚铅褐色。

习性与分布 常栖息于中低山阔叶林和混交林林缘灌丛地带、疏林草坡和高草丛中，冬季到山脚平原地带活动。成对或者成小群、秋冬季节集大群活动。性活泼，在灌木、树枝叶间来回跳跃，或做短距离低空飞翔。主要捕食植物茎内、茎表移动能力较弱的小型昆虫，也啄食植物种子。留鸟。一年四季常见于烟台各处灌丛、高草丛。

棕头鸦雀/20180622 孙虎山摄于夹河生态园

2. 震旦鸦雀 ［**Reed Parrotbill**，***Paradoxornis heudei***］

形态特征 体长 18 cm。嘴黄色，宽大具钩，似鹦鹉嘴。虹膜红褐色，具狭窄的白色眼圈。黑色眉纹粗长而显著，上缘黄褐色，下缘白色。上体额、头顶及颈背灰色，背部红褐色，上背具黑色纵纹。翼上肩部呈浓红褐色，飞羽较淡，三级飞羽近黑色。下体颏、喉部白色，腹中心近白色，两胁红褐色。尾长，尾羽背面呈灰黄色，外侧黑色且具有白斑。脚粉黄色。冬羽色淡，背、肩、两胁黄褐色。

习性与分布 栖息活动于河流、湖泊、沼泽、河口等生境的芦苇地中，冬季也到玉米地干枯的秸秆上觅食。多集小群活动，在芦苇秆之间来回跳跃，常环芦苇秆从低处逐渐攀爬到最高处，苇秆快倒时再跳跃到另一颗芦苇上觅食。主要捕食芦苇茎内、茎表移动能力较弱的小虫及蚧壳虫，也啄食植物种子。留鸟。见于内夹河福山段、外夹河莱山段等面积较大的芦苇地。

震旦鸦雀/20170629 孙虎山摄于内夹河福山段

（十八）绣眼鸟科　[Zosteropidae]

小型鸣禽，体形小巧。嘴小而尖细，末端稍弯下。眼周有醒目的白眼圈。体羽以纯绿色为主，无斑纹。翼短而圆，初级飞羽10枚，第一枚退化。尾短，末端平。跗蹠前缘具盾状鳞，足强健，中、外趾在基部合并，善于攀附与跳跃。

1. 红胁绣眼鸟　[Chestnut-flanked White-eye, *Zosterops erythropleurus*]

形态特征　体长12 cm。嘴短小，橄榄色。虹膜红褐色，眼周围具有绒状短羽构成醒目的白色眼圈，眼先黑褐色。额、颊、耳羽、头顶、后颈黄绿色。颏、喉、颈侧、上胸、尾下覆羽亮黄色。背、肩、腰和尾上覆羽暗绿色。飞羽和翼上覆羽多呈黑褐色，外翈羽缘暗绿色。下胸、腹中央乳白色，下胸两侧苍灰色，两胁具有栗红色的斑块。尾短，暗褐色。脚铅灰色。雌鸟两胁栗红色浅而小。

习性与分布　栖息于中低山和平原的阔叶林、针叶林及高大行道树和竹林间。成对或者结小群活动，飞翔姿势呈波浪式，性格活泼，喜欢在树顶枝叶间或者灌木丛跳跃活动觅食。主食小昆虫和植物果实。旅鸟。3～4月、9～10月常见于芝罘岛、银湖等地。

红胁绣眼鸟/20170914 孙虎山摄于芝罘岛

2. 暗绿绣眼鸟 [Japanese White-eye, *Zosterops japonicus*]

形态特征 体长 10 cm，体小。嘴黑色，尖而细。虹膜浅褐色，眼周围具有绒状短羽构成醒目的白色眼圈，眼先和眼圈下方具黑褐色斑纹，脸颊、耳羽黄绿色。上体额黄色，头顶、后颈、背、肩、腰、尾上覆羽呈草绿色或暗黄绿色。下体颏、喉、上胸呈鲜艳的柠檬黄色，下胸和两胁呈灰色，腹中央为白色，尾下覆羽黄色。飞羽和外侧覆羽暗褐色，外翈多具草绿色羽缘。尾暗绿色，尾羽羽缘草绿色。脚灰黑色。

习性与分布 栖息于阔叶林和以阔叶林为主的各种类型森林中，以及果园、地边高大的树上。夏季向北部高海拔温凉地区迁徙，冬季到南方和山脚平原地带的阔叶林。喜小群活动，在次生林和灌木枝叶间穿梭跳跃，或在树间飞行。主食小昆虫和植物果实。旅鸟，少量夏候鸟。4～6 月、9～10 月常见于银湖、夹河生态园、辛安河公园、围子山、鲁大山等地。

暗绿绣眼鸟/20170421 孙虎山摄于银湖

(十九)噪鹛科 [Leiothrichidae]

体形中等。嘴稍强,多直而侧扁,切缘光滑或上嘴微具缺刻。翅稍曲而短圆形。尾略长,尾羽长度多大于翼长。脚强健,跗蹠稍长,前缘被盾状鳞片,鳞片间界限不明显趋于消失。喜栖息浓密灌丛中,善跳跃,飞行能力弱,仅做短距离飞行,无一为候鸟。多善鸣唱。

1. 画眉 [Hwamei, *Garrulax canorus*]

形态特征 体长 22 cm,中型鸣禽。上嘴黄色,下嘴橄榄黄色。虹膜橙黄色或者黄色。眼圈白色,上缘向后延伸至颈侧,状如白眉,非常醒目,故有"画眉"之称。全身棕褐色。眼先、耳羽暗棕褐色。顶冠及颈背棕褐色具偏黑色纵纹。飞羽暗褐色。颏、喉、上胸和胸侧棕黄色具黑褐色纵纹,其余下体棕黄色,两胁较暗无纵纹,下腹绿褐色且中央有部分灰白色羽毛。尾羽浓褐色。脚浅黄色。

习性与分布 栖息于低山、丘陵和山脚平原地带的矮树丛和灌木丛,以及林缘、农田、村落城镇附近的小树林等有水和树木的地方。单独或结小群活动。主要以昆虫为食。留鸟。常见于夹河生态园、鲁大山等地。

画眉/20180503 孙虎山摄于夹河生态园

(二十)鹪鹩科 [Troglodytidae]

体形细小。喙长直而狭窄,尖端略下弯。鼻孔裸出细裂形。全身羽毛柔软暗淡,以褐色为主。翼短圆具横纹。尾圆尾型,具横纹。脚稍长而强健,跗蹠前缘具盾状磷,趾三前一后,爪长。

1. 鹪鹩 [Eurasian Wren, *Troglodytes troglodytes*]

形态特征 体长 11 cm,小型鸣禽。嘴暗褐色,下嘴黄褐色,鼻孔裸露。虹膜暗色,具有眉纹且狭窄呈浅棕白色。头顶和后颈呈深暗赤褐色。喉部污乳白色。上体自背肩部到腰再到尾上覆羽呈赤褐色且具有杂黑褐色横斑。翅膀短而圆。下体浅棕色,胸部灰黄褐色具有不明显的细横斑纹。尾巴短小而翘,脚暗褐色。

习性与分布 性活泼而胆怯,常在岸边茂密的灌木丛的枝头活动。繁殖期就会在枯枝堆、树洞或者岩石裂隙处筑巢。飞行高度并不是很高,振翅做短距离直线飞行,然后落下立马潜入灌木丛中隐藏起来。栖息于灌木丛中,夏天见于中高山顶。留鸟。5～10 月常见于鲁东大学、夹河等地区。

鹪鹩/20170121 孙虎山摄于鲁东大学北校区

(二十一)椋鸟科 [Sturnidae]

中型鸣禽。嘴尖直平滑,喙基刚毛有或无,鼻孔裸露或被垂羽。体色单调无斑纹,色暗的常具金属光泽。翅长适中,圆或略尖,常具白色或橙色翅斑。尾较短,平形尾。脚稍长而强健,跗蹠前缘具盾状鳞。雌雄同形。幼鸟多具纵纹。地栖或树栖,多到地面取食,喜结群。

1. 八哥 [Crested Myna, *Acridotheres cristatellus*]

形态特征 体长 26 cm。嘴浅黄色。虹膜橙黄色。通体几为黑色。上嘴基额羽较多,延长耸立于喙基上,与头顶尖长羽毛一起形成突出的冠羽。头颈部具蓝绿色金属光泽,上体其他部位具浅紫褐色金属光泽。初级覆羽先端和初级飞羽基部白色形成明显的白色翅斑,与黑色体羽形成鲜明对比,飞行时非常醒目。下体灰黑色。尾羽黑色,除中央尾羽外均具白色羽端。脚暗黄色。

习性与分布 栖息于田园和山林边缘地带,喜停歇在村落、农田、果园附近的高树、房顶、电线杆等突出物上。群聚性强,昏晨时常集大群,栖息地较固定。主要在地面觅食,啄食蚯蚓、昆虫等无脊椎动物,也采食植物嫩叶、果实和种子。留鸟。一年四季常见于夹河生态园、东山宾馆、养马岛、南山公园、小璜山等地。

八哥/20161210 孙虎山摄于夹河生态园

2. 丝光椋鸟 ［Silky Starling, *Spodiopsar sericeus*］

形态特征 体长 24 cm。嘴朱红色，尖端黑色。虹膜黑色。雄鸟头和颈部包括头侧、喉、颈侧白色，微沾灰色或皮黄色，头部羽毛丝状尖长，披散至上颈和上胸，较醒目。背灰色，接近颈部的地方颜色较深，与上胸暗灰色延伸至后颈形成一个暗灰色颈环，往后逐渐变浅至腰。肩外缘为白色。翼黑色具绿色金属光泽，初级飞羽基部白色，形成明显白色翅斑，飞行时清晰可见。下体灰白色。尾黑色具有蓝绿色金属光泽，尾上覆羽灰色，尾下覆羽纯白色。脚橙黄色。雌鸟较暗淡，黑羽少光泽，无暗灰色颈环。

习性与分布 栖息于低山丘陵和山脚平原地区的次生林、丛林和稀树草坡等开阔地带，以阔叶林、混交林和果园常见。常见 3～5 只结小群活动，性胆怯，遇惊即飞。营巢于树洞和建筑物洞穴中。地面取食。主要捕食鳞翅目、鞘翅目、直翅目等昆虫及其幼虫。夏候鸟。4～8 月常见于养马岛、昆嵛山等地。

丝光椋鸟/20170511 孙虎山摄于养马岛

3. 灰椋鸟　[White-cheeked Starling, *Spodiopsar cineraceus*]

形态特征　体长 24 cm。嘴橙黄色、尖端黑色。虹膜红褐色。眼先、眼周、前额、颊、耳羽、颏均为白色，杂有黑色细纹。头顶、后颈、喉、前颈、上胸黑色，具白色的细斑或矛状条纹。背、肩、腰和翼上覆羽灰褐色。飞羽和翅上覆羽黑褐色，飞羽外翈均具白色羽缘。下胸、两胁淡灰褐色，腹中部白色。尾羽黑褐色，尾上和尾下覆羽纯白色。跗蹠和趾橙黄色。雌鸟色浅而暗。

习性与分布　栖息于低山丘陵、开阔平原地带的各种林型中，以及城乡、农田和路边的林地。性喜成群，特别在夜晚多成群活动，在树林枝头或者电线休息，白天成群在草地、河谷和农田等地觅食，迁徙季结成大群活动。主要捕食鳞翅目、鞘翅目、直翅目等昆虫及其幼虫。留鸟。全年常见于夹河生态园、养马岛、辛安河公园、辛安河繁荣庄段、鱼鸟河公园、外夹河回里镇段、高陵水库、银湖等开阔地或林地。

灰椋鸟/20170519 孙虎山摄于夹河生态园

4. 北椋鸟　[Daurian Starling, *Agropsar sturninus*]

形态特征　体长 18 cm。嘴近黑色，下嘴基蓝白色。虹膜褐色。头侧、眼先、眼周、颊灰白色。雄鸟头顶至背部为暗灰色，枕部有一紫色富有金属光泽的斑块，上体其余部分紫黑色富有光泽，肩羽有白点。翅黑褐色有绿色金属光泽，具棕白色斑。下体均为灰白色，喉、胸和两胁灰白沾棕色，腹部纯白色。尾羽黑色且具有绿色金属光泽，外侧尾羽外翈具有棕白色的羽缘，尾上和尾下覆羽灰白色。脚绿色。雌鸟通体较暗淡，枕部无具金属光泽的紫黑色斑块，上体无紫色光泽，两翅无绿色光泽。

习性与分布　栖息于低山丘陵田野和开阔平原地带的疏林、河谷阔叶林、林缘灌木丛和次生阔叶林、居民区附近的小块丛林中。性喜成群，除繁殖期成对存在，其他季节多成群活动。常停留在突出物处，做直线快速飞行，振翅频率快且幅度大。地面取食，主要捕食鳞翅目、鞘翅目、直翅目等昆虫及其幼虫。旅鸟。8～9 月常见于养马岛、鱼鸟河公园、沁水河公园等地。

北椋鸟/20180805 孙虎山摄于养马岛

（二十二）鸫科 ［Turdidae］

体形中等，身体壮硕。嘴锥形短健，嘴缘平滑，喙基覆毛，上嘴前段常具缺刻或小钩。头部圆形。体羽丰满柔软，雌雄羽色略有差异，多为黑色、灰色和褐色。翅尖而长，善飞翔。通常方尾。跗蹠长而强壮，被靴状鳞片，脚趾发达，后趾与前三趾相对。多地面取食，主要以昆虫和浆果为食。

1. 虎斑地鸫 ［White's Thrush，*Zoothera aurea*］

形态特征 体长28 cm。嘴黑褐色，下嘴嘴基肉黄色。虹膜暗褐色，具棕白色眼圈。眼先棕白色并具有黑色羽端。颊、耳羽、颏、喉白色具黑色端斑。上体自额至尾上覆羽橄榄褐色，各羽具黑色端斑和淡金黄色次端斑，使上体满布黑色的粗大鳞状斑。翅与背同色。下体浅棕白色，胸、前腹、两胁具明显的黑色鳞状斑。尾橄榄褐色。脚粉色或肉色。

虎斑地鸫/20171013 孙虎山摄于大黑山岛

习性与分布 栖息于溪谷、河流两岸和地势低洼的密林中。性胆怯，活动很隐蔽，喜欢单独或者成对活动，常在林下贴地面飞行降落在灌木丛中。多潜伏在密林中或在林下灌丛中穿行和觅食。主要吃昆虫和浆果。旅鸟。9～11月见于大黑山岛等地。

2. 灰背鸫 [Gray-backed Thrush, *Turdus hortulorum*]

形态特征 体长24 cm。嘴黄褐色，上嘴前端具有缺刻。虹膜褐色，具橙红色眼圈。眼先黑色，头部呈石板灰并微带有橄榄色、两侧缀橙棕色，耳羽褐色具有白色的细羽干纹。整个上体呈灰蓝色。飞羽黑褐色，外翈缀蓝灰色。下体近白色，颏、喉部淡白色缀赭色具有黑褐色羽干纹，两侧具有黑色斑点，胸淡灰色具三角形黑褐色斑，下胸两侧、两胁、腋羽和翼下覆羽亮橙栗色，腹中央污白色。尾黑色。脚肉色。雌鸟不如雄鸟鲜艳，上体橄榄灰褐色，两胁橙褐色。

习性与分布 栖息于低山丘陵地带和茂密森林中，在河流附近、潮湿而茂密的灌丛、河谷阔叶林和混交林等地常见。单独或成对活动，迁徙季节集成小群或与其他的鸫类结成松散的混合群。地栖性，常在地上跳跃行走和觅食。主要采食植物种子和浆果，也捕食蚯蚓、昆虫及其幼虫等无脊椎动物。旅鸟。3～4月、9～10月常见于夹河生态园、围子山、昆嵛山、养马岛等地。

灰背鸫/20171022 孙虎山摄于夹河生态园

3. 乌鸫 ［Chinese Blackbird, *Turdus mandarinus*］

形态特征 体长 29 cm。雄鸟嘴为橙黄色或者黄色。虹膜褐色，具橙黄色眼圈。全身大致为黑色，有的沾锈色或灰色，翅有金属光泽。下体黑色稍淡。颏缀以棕色羽缘，胸部具有暗色纵纹，喉微沾棕色并微具黑褐色纵纹。脚黑褐色。雌鸟较雄鸟颜色较淡，嘴暗绿黄色至黑色，颏、喉浅栗褐色缀暗纹，通体黑褐色，下体稍沾栗色。

习性与分布 栖息于各种不同类型的森林中和林缘疏林、田园果园、城市绿地等生境类型里。性胆怯，对外界反应敏感，栖落在树枝前常发出急促短叫声。常结小群在地面活动取食，静静地在落叶、杂草中翻找蠕虫、昆虫等无脊椎动物，冬季也吃浆果。夏候鸟或留鸟。常年常见于夹河生态园、东山宾馆、养马岛、小璜山、辛安河公园、银湖等地。

乌鸫/20170529 孙虎山摄于夹河生态园

4. 白眉鸫 [Eyebrowed Thrush, *Turdus obscurus*]

形态特征 体长 23 cm。雄鸟嘴黑褐色，下嘴基部黄褐色。虹膜褐色。头部灰褐色，微带橄榄色，眼先黑褐色，具显著的白色眉纹，眼下也具一短细的白色颊纹，似有白色的眼圈。上体羽多为橄榄褐色，飞羽黑褐色，飞羽外翈淡橄榄褐色，翅上覆羽暗褐色。下体颏、喉部、腹部、尾下覆羽均为白色，胸、两胁为醒目的橙黄色。尾暗褐色。脚黄至深肉棕色。雌鸟头部褐色较深，喉部具有灰色纵纹、胸和两胁为污棕黄色。

习性与分布 栖息于树林灌丛、林缘草地上，尤其喜河谷水域附近的茂密混交林。迁徙和越冬期常见于疏林草坡、农田果园等地带。单独或者成对活动，性胆怯，喜欢藏匿。以昆虫、软体动物、植物浆果、杂草种子为食。旅鸟。3～5 月、9～11月常见于鲁大山、银湖、夹河生态园、辛安河公园等地。

白眉鸫/20170512 孙虎山摄于鲁东大学北校区

5. 白腹鸫　[Pale Thrush, *Turdus pallidus*]

形态特征　体长 24 cm。上嘴灰色前端有缺刻，下嘴黄色尖端灰色。虹膜褐色，眼圈黄色。整个头部和颈部灰褐色，无眉纹，耳羽具浅黄白色细纹。其余上体均为橄榄褐色，翼衬灰色或白色。下体颏白色而其羽干黑色并延长成须状，上喉白色而羽端褐灰色，下喉、胸、两胁为褐灰色，腹部和臀部白色沾灰色。尾灰褐色，外侧的两对尾羽具白端斑。脚浅褐色。雌鸟较雄鸟的羽色淡，喉污白色具暗褐色纵纹。

习性与分布　繁殖期栖息于中海拔以上的针阔叶混交林、针叶林中，常见于河谷水域附近的茂密混交林中，迁徙和越冬期常见于疏林草坡、农田果园等地带。单独或成对活动，迁徙季节集成小群或与其他的鸫类结成松散的混合群。极善鸣叫，叫声多变悦耳。地栖性，常在地上跳跃行走和觅食。主要捕食蚯蚓、昆虫等小型无脊椎动物，也采食植物果实和种子。旅鸟。3～5 月、9～11 月常见于辛安河、鱼鸟河、沁水河等周边湿地公园内的疏林地。

白腹鸫/20161120 孙虎山摄于辛安河公园

6. 赤颈鸫 [Red-throated Thrush, *Turdus ruficollis*]

形态特征 体长 25 cm。嘴黑褐色，下嘴基部黄色。虹膜暗褐色。雄鸟眉纹、两颊、喉部、上胸红褐色，喉部两侧具有黑色斑点，眼先为黑色，整个上体自头顶至尾上覆羽以及两翼均为浅灰褐色，头顶具有矛状的黑褐色羽干纹；胸部以下的下体白色，翼下覆羽、腋羽淡棕栗色；尾羽棕色。脚黄褐色或暗褐色。雌鸟体羽颜色比雄鸟淡，眉纹皮黄色，红褐色部分较浅，喉污灰白色具黑色点斑或纵纹，上胸沾红褐色，胸灰色具暗褐色横斑，在喉胸相连处形成胸斑带。冬羽多白斑，尾羽色浅。

习性与分布 栖息于山坡草地或者丘陵疏林、平原灌木中。多成松散的小群活动，有时也会与其他的鸫类混群，在地面活动并跳跃前进。繁殖及迁徙期主要摄食昆虫及其幼虫，冬季主要采食野果和野生植物种子。冬候鸟。11 月至次年 3 月常见于辛安河公园、沁水河公园、夹河生态园等地。

赤颈鸫（雌，冬羽）/20170106 孙虎山摄于辛安河公园

7. 红尾斑鸫 ［Naumann's Thrush, *Turdus naumanni*］

形态特征　体长 24 cm。嘴黑褐色，下嘴基部黄色。虹膜暗褐色。眼先黑色，眉纹淡棕红色，耳羽、前额、头顶及后颈橄榄褐色，具有黑色羽干纹。体背颜色以棕褐色为主，背、肩部橄榄褐色并带有锈色，腰部棕红色有时具有栗色斑，尾上覆羽橄榄褐色或棕红色。翅黑褐色缀棕红色，飞羽外翈为棕红色。下体白色，颏、喉棕白色，具黑褐色斑点并一直扩展到上胸和颈侧，胸部、腹部两侧及两胁棕红色而羽缘白色，形成红白相间的鳞状斑纹，尾下覆羽栗色。尾羽锈红色，中央尾羽略带深色。跗蹠和趾黄褐色。雌鸟体色浅，喉和上胸的黑斑较多。

习性与分布　栖息于平原开阔的农耕地及林地附近，冬季活动于林缘、农田、果园及村镇附近的树林中。喜欢成对活动，冬季可结成大群活动。性活泼，一般在地面活动觅食，不太害怕人类。主要捕食昆虫及其幼虫，越冬期也采食植物果实和种子。冬候鸟。11 月至次年 3 月常见于辛安河公园、鱼鸟河公园、夹河生态园、高陵水库、银湖、围子山、鲁大山等各处开阔林地或果园。

红尾斑鸫/20170304 孙虎山摄于鲁东大学北校区

8. 斑鸫 ［Dusky Thrush, *Turdus eunomus*］

形态特征 体长 25 cm。嘴黑褐色，下嘴基部偏黄色。虹膜褐色。眉纹白色而宽大，耳羽黑褐色。额、头顶、枕、后颈黑褐色，密布色彩斑驳的深色纵纹。上背、肩部黑色具宽阔红褐色的羽缘，下背和腰由上背黑色逐渐过渡到浅褐色。翅红褐色，飞羽黑褐色但基部缀红褐色，越往内侧的飞羽上红棕色面积越大，形成明显的红棕色翼斑。下体白色区域面积大，胸部、两胁密布粗大月牙状黑色斑点，远看似黑色胸带。尾羽黑褐色。跗蹠与趾褐色。雌鸟上体几乎为橄榄褐色而少红棕色。

习性与分布 栖息于各类森林和林缘灌丛地带，也出现于农田、地边和村镇附近的灌丛草地上。繁殖期成对活动，其他时期多集成 10 只或上百只大群活动。多在地上活动觅食。主要捕食昆虫及其幼虫，以及蚯蚓、蜘蛛等其他无脊椎动物，也采食植物果实和种子。冬候鸟。11 月至次年 3 月常见于辛安河公园、鱼鸟河公园、夹河生态园、高陵水库、银湖、围子山、鲁大山等各处开阔林地或果园。

斑鸫/20170131 孙虎山摄于鲁东大学北校区

9. 宝兴歌鸫 ［Chinese Thrush, *Turdus mupinensis*］

形态特征　体长 23 cm。嘴暗褐色，下嘴基淡黄褐色。虹膜褐色。眉纹污白色，眼先、眼周、颊和颈侧淡棕白色沾皮黄色，具黑色鹗纹，耳区具黑色耳簇羽形成的黑色斑块。上体整体橄榄褐色。中、大覆羽污白色或皮黄色端斑形成 2 道明显的淡色翼斑。下体白色具有密布的黑色圆斑点，胸部和两胁沾黄色。尾暗褐色。脚暗黄或肉色。

习性与分布　栖息于山地针阔叶混交林，喜欢在河流附近潮湿茂密林中活动。多单只活动。主要以蝗虫、蛾蝶类、金龟子、椿象等昆虫及其幼虫为食。旅鸟。4～5 月、9～10 月常见于大黑山岛、艾山、昆嵛山等地。

宝兴歌鸫/20171012 孙虎山摄于大黑山岛

（二十三）鹟科 [Muscicapidae]

中小型鸣禽，体形多比麻雀稍小。头圆，嘴小，基宽而尖直，近末端有刻痕，嘴基部常有刚毛，鼻孔常被垂羽掩盖。翅多数较为尖长，折合时可达尾羽的一半。尾羽长短不一。脚细小，趾细弱。体羽的颜色多种多样，有些种类羽色以灰褐色为主，有的种类颜色鲜艳，幼鸟羽色多具斑点。多树栖，善鸣叫。

1. 红胁蓝尾鸲 [Orange-flanked Bluetail, *Tarsiger cyanurus*]

形态特征 体长 15 cm。嘴黑色。虹膜褐色，具白色细眼圈。眉纹白色，头顶两侧为亮辉蓝色，眼先、颊部黑色，耳羽暗灰褐色。上体整体灰蓝色，腰和尾上覆羽辉蓝色。翅上小、中覆羽鲜亮辉蓝色，其他覆羽暗褐色而羽缘沾灰蓝色，飞羽黑褐色而外翈沾蓝色或暗棕色。下体颏、喉、胸棕白色，两胁具有特征性的橘黄色，腹部和尾下覆羽白色。尾蓝色。脚褐色。雌鸟暗淡，上体橄榄褐色，腰和尾上覆羽灰蓝色，两胁的橘黄色斑略浅，尾黑褐色沾灰蓝色。

习性与分布 栖息于较高海拔山地的林地和林缘疏林灌丛地带，在迁徙季和冬季常见于低山丘陵地带、溪边疏林灌木丛，以及果园和城市公园等地。性胆怯，偶尔在地面上活动。尾羽时常上下扭动。以昆虫及其幼虫为食，兼食植物种子。冬候鸟。10 月至次年 4 月常见于夹河生态园、养马岛、辛安河公园、鲁大山等地。

红胁蓝尾鸲（雄）/20170414 孙虎山摄于鲁东大学北校区

2. 北红尾鸲 ［Daurian Redstart，*Phoenicurus auroreus*］

形态特征　体长 15 cm。嘴黑色。虹膜褐色。雄鸟额、头顶、后颈及上背灰白色或灰色。前额基部、眼先、颊、耳区、颈侧、颏、喉、前颈、下背以及翅均为黑色，次级飞羽和三级飞羽基部白色形成翅上的一道明显的三角形白色翅斑。腰、尾上覆羽棕红色。下体的下胸、腹部和尾上覆羽为鲜艳的棕红色。尾羽中除了中央尾羽为黑色外均为棕红色。脚黑色。雌鸟色淡，橄榄褐色替代在雄鸟为黑色的区域，红色区域转为淡棕色，翅上的三角形白色翅斑较小。

习性与分布　栖息于山地、森林、河谷和居民点附近的灌木丛和低矮的树木中。单独或成对活动，有强烈的领域行为。性胆怯，停歇时常常上下摆尾。喜停留在树枝、电线等突出物上观察地面，发现猎物后俯冲到地面捕捉。主要以昆虫及其幼虫为食。留鸟。四季常见于夹河、辛安河、鱼鸟河、汉河等河流及银湖、高陵水库等水库池塘周边的林地，也常见于昆嵛山、围子山、鲁大山等各个山区树林。

北红尾鸲（雄）/20170207 孙虎山摄于银湖

3. 红腹红尾鸲 [White-winged Redstart, *Phonenicurus erythrogastrus*]

形态特征 体长 18 cm，体形比北红尾鸲的大。嘴黑色。虹膜褐色。雄鸟的头顶至枕部为白色，额、头侧、背部、肩部、翅膀、喉部以及上胸部都为黑色，翅上的黑色部位于冬季有烟灰色的缘饰，翅上有比北红尾鸲大的三角形白色翅斑，其余的上下体羽的颜色栗红色更浓。中央尾羽黑褐色，与其他尾羽的反差明显比北红尾鸲的小。雌鸟体色暗淡呈烟灰褐色，眼圈白色，腰至尾上覆羽和尾羽呈棕色，无白色翅斑。

习性与分布 栖息于较高海拔的高原山地和河流溪谷等地区，冬季到低海拔地区。生性孤僻，喜欢单独活动，常停息于树上、灌木枝头和岩石上。主要以甲虫、蠕虫等为食，也吃少量植物果实和种子。冬候鸟。10 月至次年 4 月常见于外夹河上游山区、银湖等地。

红腹红尾鸲(雄)/20180420 孙虎山摄于银湖

4. 红尾水鸲 [Plumbeous Water Redstart, *Phyacornis fuliginosa*]

形态特征 体长 14 cm。嘴黑色。虹膜深褐色。雄鸟全身羽毛为铅灰蓝色，腹部稍淡，尾羽暗栗红色并且尖端具有黑色羽端，尾上、尾下覆羽栗红色，脚黑色。雌鸟眼圈色浅，上体羽淡灰褐色稍沾染蓝灰色，两翼黑色，内侧次级飞羽和覆羽具淡褐色羽缘，尖端白色在翅上形成两排白色斑点，其他飞羽和覆羽羽缘褐色，下体羽淡灰蓝色，灰色羽缘成鳞状斑纹，尾淡黑褐色而基部白色，尾上和尾下覆羽均为白色，脚褐色。

习性与分布 栖息于山地、平原溪流与河谷沿岸，以及多石的林地，偶尔也见于湖泊、水库以及水塘岸边。喜欢单独活动或成对活动，多站立于水边或者水中岩石上或公路旁的岩壁上，同时尾部常上下摆动。有人干扰时，贴近水面飞行，领域性很强。鸣声嘹亮清脆。主要以昆虫及其幼虫和植物种子为食。留鸟。常见于出入银湖的小溪、外夹河上游及其支流、昆嵛山山谷溪流等湿地。

红尾水鸲(雌)/20161117 孙虎山摄于银湖

5. 黑喉石鹏 [Siberian Stonechat, *Saxicola maurus*]

形态特征 体长 14 cm。嘴黑色。虹膜深褐色。雄鸟颏、喉部黑色。头、背、肩和上腰黑色同时具有棕色的羽缘，腰和尾上覆羽转为白色。翼上覆羽外侧的为黑褐色而内侧的为白色，飞羽黑色，内侧次级与三级飞羽基部白色，与白色覆羽构成了大而明显的白色翅斑。颈侧、上胸两侧白色形成半领环，胸部栗棕色，两胁和前腹白色沾棕色，腹部和尾下覆羽白色。尾羽黑色而基部白色。脚黑色。雌鸟色淡无黑色，下体皮黄色。

习性与分布 栖息于山地、平原溪流与河谷沿岸，以及多石的林地，偶尔也见于湖泊、水库以及水塘岸边。单独或成对活动，能震动翅膀停在空中或做上下垂直飞行，喜欢站在枝头或路边电线上，不断地扭动尾羽。食物以昆虫及其幼虫为主，兼食杂草种子。夏候鸟。3～10 月常见于夹河口、夹河生态园、内夹河福山段、外夹河回里镇段、银湖、鲁东大学乳子湖畔等地。

黑喉石鹏(雄)/20170331 孙虎山摄于夹河口

6. 蓝矶鸫　[Blue Rock Thrush, *Monticola solitarius*]

形态特征　体长 23 cm。嘴黑色。虹膜褐色。雄鸟夏羽眼先近黑色，除了眼先以外的整个头部和颈部纯蓝色并具辉亮闪光。颈后的上体包括背、肩、腰和尾上覆羽也几乎为辉蓝色。翼上羽除了辉蓝色的小覆羽外均为近黑色。下体除辉蓝色的胸部外均为暗栗红色。尾羽近黑色，外翈羽缘蓝色。脚黑色。冬羽身体各个部位多具不同颜色的横斑。雌鸟羽色暗淡，上体灰色沾蓝色，下体皮黄色并具黑褐色鳞状斑纹。

习性与分布　栖息于多岩石的山地、山区河流溪涧、海滨岩岸附近的裸露岩石或者高大的树上。单独或成对活动，繁殖期雄鸟常在山顶昂首鸣叫，并不断地扭动尾羽，鸣声动听而富有音韵。地面觅食。主要捕食昆虫及其幼虫。夏候鸟或留鸟。5～10 月常见于养马岛、崆峒岛、芝罘岛等岩礁海岸。

蓝矶鸫(雄)/20180624 孙虎山摄于养马岛

7. 白喉矶鸫 [White-throated Rock Thrush, *Monticola gularis*]

形态特征 体长 19 cm。嘴近黑色。虹膜褐色。雄鸟前额、头顶、后颈为非常鲜艳的钴翠蓝色，眼先、颊栗红色，头侧耳区黑色。背和肩部黑色，有棕白色羽缘组成的鳞状斑纹。翅黑褐色。下体颏、喉、胸、腹、两胁和尾下覆羽均为栗红色，但在喉部中央具有醒目的白色大斑块。尾羽黑褐色，外翈沾灰蓝色。脚暗橘黄色。雌鸟暗淡全身偏褐色，头顶到后颈呈灰褐色，上体羽橄榄灰褐色，黑色羽缘形成鳞状斑，下体白色具黑色扇贝形斑纹。

习性与分布 栖息于山区阴坡山沟有水的潮湿地带和针阔叶混交林。常在树顶或者岩石上长时间不动。冬季结群。多在林下地面或者灌丛间活动觅食。主要捕食甲虫、蝼蛄、蛾类等昆虫及其幼虫。旅鸟。4～5 月常见于昆嵛山、围子山、鲁大山等地。

白喉矶鸫(雌)/20180513 孙虎山摄于鲁大山

8. 灰纹鹟 ［Gray-streaked Flycatcher, *Muscicapa griseisticta*］

形态特征　体长 14 cm。嘴黑色，下嘴基部较淡。虹膜褐色，具白色眼圈。眼先白色，颊、脸部暗灰褐色，颧纹黑色。额具狭窄白横带，上体头至尾均为灰褐色，头顶具黑褐色的中央细斑纹。翅长，翼尖延伸超过尾长度的 2/3，几达尾端，灰褐色翅上具狭窄的白色翅斑。下体白色，颏、喉纯白色，胸、腹和两胁有明显的深灰色纵纹，胸部纵纹较细，腹中央和尾上覆羽纯白色。尾灰褐色。脚黑色。雌雄相似。

习性与分布　栖息于各种森林及林缘地带。性惧生，常常单独活动，蹲在视野范围良好的枝头上搜寻食物。主要捕食鳞翅目、鞘翅目昆虫。旅鸟。5～6 月、9～10 月常见于养马岛、夹河生态园、外夹河芝罘段、辛安河繁荣庄段等地。

灰纹鹟/20170517 孙虎山摄于外夹河芝罘段

9. 乌鹟 [**Dark-sided Flycatcher**, ***Muscicapa sibirica***]

形态特征 体长 13 cm，体形略小。嘴黑色，下嘴基部肉红色。虹膜褐色，具明显的白色眼圈。眼先白色，颊部颜色较淡，下脸颊有黑色细纹，具黑色细颊纹。上体自头部和后颈到背、腰和尾上覆羽均为一致的灰褐色。两翼黑褐色，大覆羽和三级飞羽羽缘淡棕白色，翼长，翼尖延伸至尾的 2/3 处。下体白色，颏、喉部污白色，在颈侧向上延伸形成白色的半颈环，上胸具灰褐色模糊带斑，胸和两胁都具有烟灰色杂斑，腹中央及尾下覆羽白色。尾羽黑褐色。脚黑褐色。雌雄相似。

习性与分布 栖息于密林林缘、开阔林地、城市公园，喜针阔混交林。成对活动或单独活动，迁徙季节集小群活动，常站立于突出的干树枝枝头。主要以昆虫为食，也吃少量植物种子。旅鸟。5～6 月、8～9 月常见于辛安河繁荣庄段、夹河生态园、外夹河芝罘段、养马岛、鲁大山等地。

乌鹟/20160513 孙虎山摄于鲁东大学北校区

10. 北灰鹟 [**Asian Brown Flycatcher,*Muscicapa dauurica***]

形态特征 体长 13 cm,体形略小。嘴长,黑色,下嘴基部黄色。虹膜褐色,具醒目的白色眼圈。眼先白色,颊淡灰白色。上体额基污白色,上体头顶、后颈、背部、腰以及尾上覆羽都呈灰褐色,羽轴暗色。两翼覆羽灰褐色,飞羽黑褐色,飞羽羽缘棕白色,三级飞羽棕白色,羽缘宽而明显。下体偏白色,颏、喉纯白色,胸部和两胁沾淡灰色,腹部和尾下覆羽纯白色。尾黑褐色。脚黑色。雌雄相似。

习性与分布 栖息于山林或林缘的中下层。多单独活动,常静栖于树枝枝头等突出物上,发现飞虫迅速起飞捕捉。主要以鳞翅目、鞘翅目、双翅目昆虫等各种飞虫为食,也吃蜘蛛和少量植物。夏候鸟。4~9 月常见于夹河生态园、鱼鸟河公园、外夹河回里镇段至芝罘段、辛安河公园、辛安河繁荣庄段、养马岛、鲁大山等地。

北灰鹟/20170825 孙虎山摄于鲁东大学北校区

11. 白眉姬鹟 [Yellow-rumped Flycatcher, *Ficedula zanthopygia*]

形态特征 体长 13 cm，体形略小。嘴较短，黑色。虹膜暗褐色。雄鸟较宽的白色眉纹在黑色头部特别醒目，眼先、眼周、颊、颈侧黑色。上体前额、头顶、枕、后颈、上背和肩均为黑色，下背和腰部呈鲜黄色。两翅主要为黑色，内侧中覆羽、大覆羽和最内侧的 2 枚三级飞羽外翈白色，组成明显的白色翅斑。下体颏、喉、胸、腹、两胁均为鲜黄色。尾羽黑褐色，尾上覆羽黄色至黑色，尾下覆羽白色。脚黑色。雌鸟无眉纹，上体橄榄绿色，腰黄色，翅橄榄褐色具略小的白色翅斑，下体自颏至尾下覆羽由白色渐变为淡黄绿、橄榄灰黄、黄白色。

习性与分布 栖息于低山丘陵和山脚地带的阔叶林和针阔叶混交林，迁徙的时候多喜欢在沿海或者平地的林地环境活动。单独或成对活动，多在树的低枝处觅食，性胆怯。主要捕食椿象、金龟子等昆虫及其幼虫。夏候鸟。5～9 月常见于养马岛、鱼鸟河公园、辛安河繁荣庄段、外夹河芝罘段、夹河生态园、夹河口、鲁东大学南校区等地。

白眉姬鹟(雄)/20160827 孙虎山摄于养马岛

12. 鸲姬鹟　[Mugimaki Flycatcher, *Ficedula mugimaki*]

形态特征　体长 13 cm，体形略小。嘴黑色。虹膜深褐色。雄鸟短小狭窄的白色眉斑止于眼上，眼先、眼周、颊、颈侧灰黑色。上体额、头顶、枕、背、肩、腰及尾上覆羽均呈灰黑色且无光泽。翼黑色，大覆羽和中覆羽羽端白色组成显著的白色翅斑。下体颏、喉、胸及上腹部均呈赤黄褐色，其余下体白色。尾黑褐色，一对中央尾羽纯黑色，其他尾羽基部外翈羽缘白色。脚深褐色。雌鸟无眉纹，上体全呈橄榄褐色，翼上的白斑不甚明显，下体颏至上腹浅棕黄色，其余下体灰白色，尾橄榄褐色且无白色，脚橄榄褐色。

习性与分布　栖息于山地森林或者平原小树林。喜欢单独活动，常在林间做短距离的快速飞行，从停息的低矮树枝飞到空中捕食飞虫，停息时尾羽常常抽动并且张开。主要捕食膜翅目、鳞翅目、鞘翅目等昆虫。旅鸟。4～5 月、9～10 月常见于夹河口、夹河生态园、养马岛、鲁大山等地。

鸲姬鹟(雄)/20180512 孙虎山摄于养马岛

(二十四)戴菊科 [Regulidae]

体形与柳莺相似的小型鸣禽。嘴黑色,短而尖细。头顶有黄色或红色的鲜艳羽冠,并且羽冠外侧还有粗而显著的黑色侧冠纹,是本科的突出特征。羽毛柔软蓬松,背部多为橄榄绿色,腹部为黄色至灰白色。中央尾羽略短使尾呈短凹形。脚黑色。

1. 戴菊 [Goldcrest, *Regulus regulus*]

形态特征 体长 10 cm,体小似小型柳莺。嘴黑色,短而尖细。虹膜褐色,眼周灰白色。眼先灰白色,头侧和颈部浓灰色或灰色。头顶中央冠纹橙红色,宽而明显,侧冠纹黑色。额基部灰白色,背、肩橄榄绿色,腰、尾上覆羽黄绿色。翅黑褐色,具两道明显的白色翅斑,飞羽外翈羽缘多为淡黄绿色,在翅上形成黑白相间的醒目图案。下体淡黄白色或偏灰色,两胁沾黄绿色。尾黑褐色,尾羽外翈羽缘橄榄黄绿色。脚暗褐色。雌鸟体色较暗淡,头顶中央冠纹呈柠檬黄色,不为橙红色。

习性与分布 栖息于中低海拔山区,通常独栖于林冠下层。迁徙季和冬季常常在低山和灌木丛中活动,繁殖期成对或单独活动,其他时间多成群。性活泼,行动敏捷。主要以昆虫及其幼虫和虫卵为食,冬季也采食少量植物种子。旅鸟,少量冬候鸟。11 月至次年 4 月常见于夹河生态园、辛安河公园、南山公园、银湖等地。

戴菊/20180329 王宜艳摄于夹河生态园

（二十五）太平鸟科　［Bombycillidae］

小型鸣禽。嘴短而厚，基部宽阔，尖端微下弯略呈钩状。体羽松软，淡褐色或者葡萄灰色，头顶具有长而尖的羽冠。翅尖长，次级飞羽的羽轴通常延长成红色蜡烛状小点斑。尾部短而圆，在尾羽的末端有红色或者黄色端斑。跗蹠短健。

1. 太平鸟　［**Bohemian Waxwing**，***Bombycilla garrulus***］

形态特征　体长 18 cm。嘴黑色。虹膜暗红色。头部的前部为栗褐色，越向后颜色越淡，头顶具有一簇柔软而细长呈栗褐色的羽冠，羽冠两侧黑色的贯眼纹从上嘴基部经过眼到后枕部相连成环带，在栗褐色的头部显得极为醒目。颊与喉交汇处淡栗色，前下缘白色形成不清晰颊纹。上体枕、后颈、背、肩部羽毛呈灰褐色，越往后灰色越浓。翅黑褐色，具有红色蜡滴状斑块和明显的白斑和黄斑。下体颏和喉部黑色，胸灰褐色，腹部以下褐灰色。尾黑褐色，在尾羽近端部有一宽阔黄色横斑，尾下覆羽栗色。脚黑色。雌雄相似。

习性与分布　栖息于针阔混交林、果园、城市公园以及人类居住环境的树上。喜欢成群活动，多时达到百只以上。飞行时鼓动双翅急速直飞。多见于冬季和春秋迁徙季。繁殖期捕食昆虫，冬季主要采食植物果实和种子。冬候鸟。11 月至次年 4 月常见于南山公园、小璜山、银湖、长春湖等地。

太平鸟/20180222 孙虎山摄于南山公园

2. 小太平鸟 [Japanese Waxwing, *Bombycilla japonica*]

形态特征 体长 16 cm。嘴黑色。虹膜紫红色。额、头顶前部为栗色,向后颜色越来越淡。头顶具有一簇柔软而细长前端栗褐色而后端黑色的羽冠,羽冠两侧黑色的贯眼纹从上嘴基部、眼先、眼到后枕部,在枕部相连形成环带状,并延伸到冠羽,在栗褐色的头部显得极为醒目。其他形态特征与太平鸟相似,但是体形稍小,翅上无蜡滴状斑块和黄色斑纹,而具有红色横斑,尾羽末端具有红色端斑。脚黑色。雌雄相似。

习性与分布 栖息于低山、丘陵和平原地区的森林中。迁徙及越冬期结大群在树上活动觅食,常常与太平鸟混群一起活动,性格活跃,除饮水外很少在地面活动。繁殖期捕食昆虫,冬季主要采食植物果实和种子。冬候鸟。11 月至次年 4 月常见于南山公园、小璜山、银湖、长春湖等地。

小太平鸟/20180222 孙虎山摄于南山公园

（二十六）雀科　[Passeridae]

小型鸣禽。雌雄羽色相似。嘴粗短呈圆锥状，嘴缘平滑，嘴闭合时上下嘴边缘彼此紧贴，角质腭两侧纵棱的后端左右合呈“U”和“V”形，鼻孔位置接近或进入额线内。尾羽狭长，末端尖呈楔状。跗蹠被盾状鳞。

1. 山麻雀　[Russet Sparrow, *Passer cinnamomeus*]

形态特征　体长13 cm。嘴灰黑色。虹膜褐色。雄鸟眼先和眼后黑色，颊、耳羽、头侧为白色。上体额、头顶、后颈、背和腰部为栗红色，上背中央具有黑色纵条纹。翅暗褐色，外翈羽缘棕白色，具两道棕白色翅斑。下体颏和喉部中央为黑色，胸部和腹部灰白色。尾羽暗褐色具土黄色羽缘。脚粉褐色。雌鸟的眼先和贯眼纹为褐色并向后延伸至颈侧，具长而宽的皮黄白色眉纹，上体沙褐色，上背布满棕褐色和黑色斑纹，下体淡灰棕色。

习性与分布　栖息于低山丘陵和山脚平原地带的森林和灌丛。在繁殖期单独或者成对活动，其他季节集小群活动，喜欢到村镇和居民点附近的农田、果园等地活动和觅食。杂食性，捕食昆虫及其幼虫，也采食植物种子和果实。留鸟。常见于鲁大山、围子山、昆嵛山、银湖等地。

山麻雀（雄）/20170423 孙虎山摄于鲁东大学北校区

2. 麻雀 [**Eurasian Tree Sparrow**, ***Passer montanus***]

形态特征 体长 14 cm。雄鸟与雌鸟颜色体形相似。嘴黑色，圆锥形，短而强健。虹膜暗褐色。眼先和眼下缘黑色，颊污白色，耳羽后缘黑色，脸颊部具特征性黑斑。上体偏棕褐色，前额、头顶、枕部、后颈栗红色；背和肩部栗色较浅，具粗的黑色条纹；腰和尾上覆羽褐色。翅黑褐色，小覆羽栗色，中、大覆羽端部白色在翅上形成两道白色翅斑，初级、次级飞羽外翈和端部具宽窄不一的栗色或棕褐色羽缘，形成两道淡色横斑。下体颏、喉中央黑色，胸、腹白色沾沙褐色。尾暗褐色，微叉状。脚浅褐色。

习性与分布 栖息活动于有人类居住的居民点和田野附近。性活泼，胆大同时警惕性高，秋季结成数百或者数千的大群活动于农田、草地。喜欢鸣叫但声音嘈杂。杂食性，繁殖期主要捕食昆虫及其幼虫，其他季节多食谷物、草籽及人类丢弃的食物。留鸟。常见于烟台各地，是最常见的鸟类。

麻雀/20180501 孙虎山摄于鱼鸟河公园

3. 石雀 [Rock Sparrow, *Petronia petronia*]

形态特征 体长 16 cm。上嘴黑灰色,下嘴基部淡黄色。虹膜深褐色。眉纹淡皮黄色或皮黄白色,长而显著,贯眼纹暗褐色,颊和耳的覆羽为褐色,眼后有深色条纹。前额和头顶两侧为暗褐色,具淡色的顶冠纹和深色的侧冠纹。其余上体淡褐色,后颈、背部以及肩部淡褐色具皮黄色羽缘和暗褐色纵纹,腰和尾上覆羽也为淡褐色,但具不明显的淡色羽缘。飞羽具白斑形成的两色横斑。下体灰白色沾褐色,喉部有一黄色斑,胸侧和两胁具有暗褐色纵纹。尾短,褐色。脚粉褐色。雄雌鸟体色相似。

习性与分布 栖息于裸露的荒山、悬崖、岩石荒坡和稀疏灌木丛中,善于在地上急速奔跑,也善于快速飞行。鸣声多变,喜欢单独活动。主要采食浆果、种子、叶芽等植物性食物,也捕食蝗虫、甲虫等昆虫及其幼虫。旅鸟。6 月见于鲁东大学北校区。

石雀/20160617 孙虎山摄于鲁东大学北校区

(二十七)鹡鸰科 [Motacillidae]

小型鸣禽,体形细小纤长。嘴细长而直,上嘴前端具缺刻,嘴须相当发达,鼻孔裸露。翅尖长,有9枚初级飞羽,前两枚等长,最长的次级飞羽几乎达到翼端。尾细而尖长,有的较翅为长,尾羽12枚,最外侧尾羽几乎纯白色。脚细长,跗蹠前缘微具盾状鳞,后趾与爪均延长,爪形稍曲。善地上奔跑,飞行曲线呈波浪状,停歇时尾部常上下摆动。

1. 山鹡鸰 [Forest Wagtail, *Dendronanthus indicus*]

山鹡鸰/20180527 孙虎山摄于夹河生态园

形态特征 体长17 cm。嘴细长,上嘴黑褐色,下嘴肉红色或黄白色。虹膜暗褐色。黄白色眉纹从嘴基直达耳羽上方,眼先和耳羽暗褐色。颊淡黄白色杂以橄榄褐色斑点。上体额、头顶、后颈、肩和背橄榄褐色,腰部较淡。翅上小覆羽橄榄褐色,中覆羽和大覆羽黑褐色,先端白色或黄白色在翅上形成两道明显的翅斑。下体颏、喉白色,喉侧微沾暗褐色斑点,胸亦为白色,前胸有一黑色横带并在中部向下突出呈“T”形,后胸有一不完整而在中部开裂的黑褐色横带,两胁白色微沾淡棕色或橄榄褐色,腹和尾下覆羽白色。尾褐色,最外侧一对尾羽白色。脚粉色。雌鸟羽色较暗淡。

习性与分布 栖息于低山丘陵地带林地、果园、公园、河边林缘的林间空地或树上。单独或成对活动,尾常不停地左右摆动,与其他鹡鸰不同。主要以昆虫为食。夏候鸟。5～7月常见于夹河生态园、围子山、鲁大山、外夹河芝罘段、银湖等地。

2. 黄鹡鸰 [Eastern Yellow Wagtail, *Motacilla tschutschensis*]

形态特征 体长 18 cm。嘴黑色。虹膜褐色。眉纹白色、黄色或无。上体主要为橄榄绿色或草绿色，头顶至后颈部灰色或橄榄绿色。飞羽黑褐色具有两道白色或黄白色翅斑。下体呈鲜黄色，胸和两胁有的沾橄榄绿色。尾较长，黑褐色，最外侧两对尾羽为白色。脚黑色。烟台市区常见 3 个亚种：东北亚种头顶深灰色，无眉纹，颏白色，喉黄色；台湾亚种头顶橄榄绿色与背部相同，眉纹、颏、喉均为黄色；堪察加亚种雄鸟头顶深灰色，眉纹、颏、喉均为白色。

习性与分布 栖息于低山丘陵、平原和山地，常在林缘、林中溪流、平原河谷、村野、湖畔和居民点附近活动。多成对或成 3～5 只的小群，迁徙期亦见数十只的大群活动。喜欢停栖在河边或河心石头上，尾不停地上下摆动。有时也沿着水边来回不停地走动。飞行时两翅一收一伸，呈波浪式前进。主要在地上捕食昆虫及其幼虫，有时在飞行中捕食飞虫。旅鸟。4～5 月、9～10 月常见于银湖、高陵水库、夹河生态园、外夹河芝罘段、内夹河福山段、辛安河公园、辛安河繁荣庄段、沁水河公园等地。

黄鹡鸰(东北亚种)/20170404 孙虎山摄于银湖

3. 灰鹡鸰 [Grey Wagtail, *Motacilla cinerea*]

形态特征 体长 19 cm。嘴黑褐色或黑色，较细长，先端具缺刻。虹膜褐色。眉纹和颧纹白色，眼先、耳羽灰黑色。上体前额、头顶、枕和后颈灰色或深灰色，肩、背灰色沾暗绿褐色或暗灰褐色，腰黄绿色，尾上覆羽鲜黄色。翅黑褐色，尖而长，次级飞羽基部白色与部分初级覆羽白色内翈一起形成一道明显的白色翼斑，三级飞羽外翈具宽阔的白色或黄白色羽缘。下体颏、喉夏季为黑色，冬季为白色，胸、腹、尾下覆羽鲜黄色，部分沾有褐色，两胁淡黄白色。尾细长，黑褐色。脚暗绿色或角褐色。雌鸟上体较绿灰，颏、喉白色。

习性与分布 主要栖息于溪流、河谷、湖泊、沼泽等水域岸边或水域附近的草地、农田、林区、居民点，尤其喜欢在山区河流岸边和道路上活动。常单独或成对活动，有时也集成小群或与白鹡鸰混群。飞行时两翅一展一收，呈波浪式前进，尾不断地上下摆动。主要以昆虫及其幼虫、蜘蛛等小型无脊椎动物为食。夏候鸟。3～9 月常见于银湖、高陵水库、外夹河老岚村段到芝罘段、内夹河福山段、夹河生态园、辛安河繁荣庄段、辛安河公园、鱼鸟河公园等湿地。

灰鹡鸰/20170506 孙虎山摄于银湖

4. 白鹡鸰 [White Wagtail, *Motacilla alba*]

形态特征 体长 20 cm。嘴细长呈黑色,虹膜黑褐色。额、颊白色,头顶后部、枕和后颈黑色。背、肩黑色或灰色。颏、喉白色或呈黑色,胸黑色。飞羽黑色。翅上小覆羽灰色或黑色,中、大覆羽白色或尖端白色,在翅上形成明显的白色翅斑。下体白色。尾黑色,长而窄。脚黑色。烟台常见 4 个亚种:普通亚种颏、喉及脸部白色,无贯眼纹;东北亚种颏和喉灰色,有黑色贯眼纹,上体灰黑色;灰背眼纹亚种颏和喉黑色,上体灰色,有黑色贯眼纹;黑背眼纹亚种颏和喉白色,有黑色贯眼纹,上体黑色。

习性与分布 栖息于河流、湖泊、水库、水塘等水域岸边,也栖息于农田、草原、沼泽等湿地,有时还栖于水域附近的居民点和公园。常单独成对或呈 3～5 只的小群活动。迁徙期间也见成 10 多只至 20 余只的大群。飞行姿势呈波浪状,有时也较长时间地站在一个地方,尾不住地上下摆动。主要以昆虫及其幼虫、蜘蛛等小型无脊椎动物,以及植物浆果、种子为食。留鸟或旅鸟。3～5 月、8～10常见于外夹河、内夹河、辛安河、鱼鸟河、沁水河、汉河等流域以及银湖、高陵水库等水库周边湿地。普通亚种全年常见于烟台各个湿地。

白鹡鸰(普通亚种/雄) /20180412 孙虎山摄于外夹河观水镇段

5. 田鹨 [Richard's Pipit, *Anthus richardi*]

形态特征 体长 16 cm。嘴细长，先端具缺刻，粉红褐色，上嘴基部和下嘴呈淡黄色。虹膜褐色。眼先和眉纹黄白色或沙黄色。上体黄棕色，头顶具暗褐色纵纹，背、肩具显著的黑褐色的纵纹，后颈、腰纵纹不显著或无纵纹。下体棕白色或皮黄色，颏、喉部棕白色，两侧有暗色纵纹，胸部皮黄色且具暗褐色纵纹，腹部乳白色沾棕色，两胁棕黄色。翅尖而长，黑褐色，翅上覆羽具淡黄棕色或棕黄色羽缘，初级、次级飞羽具棕白色窄羽缘，三级飞羽长而几乎与翅尖平齐且具宽的淡棕色羽缘。尾细长，暗褐色，具黄褐色羽缘，最外一对尾羽几乎为全白色，次一对外侧尾羽具楔形白斑。脚粉红色，后爪甚长。

习性与分布 栖息于水域附近的沼泽草地、农田附近。喜欢单独或成对活动，迁徙季节多成群活动，多贴近地面呈波浪式飞行，站立时多呈垂直姿势较挺拔，尾部有规律地上下摆动。主要捕食鞘翅目、直翅目、鳞翅目等昆虫及其幼虫，冬季也食植物种子。旅鸟。4～5 月、9～10 月常见于内夹河福山段、银湖、高陵水库、夹河口等地。

田鹨/20170928 孙虎山摄于内夹河福山段

6. 布氏鹨　[Blyth's Pipit, *Anthus godlewskii*]

形态特征　体长 18 cm。嘴较短而尖利，上嘴褐色，下嘴肉色。虹膜深褐色。眼先和眉纹黄白色。上体额、头顶、枕、后颈、背和肩棕黄色或棕灰褐色，具黑褐色纵纹，纵纹较多，腰和尾上覆羽沙褐色。翅暗褐色，边缘沙黄色，中覆羽羽端较宽，使其黑色区域呈钻石形。下体白色或皮黄色，颏和喉部黄白色，两侧具有黑褐色的纵纹，胸部具黑色纵纹，其余下体淡棕黄色。尾暗褐色，中央一对尾羽具赭色宽羽缘，最外侧一对白色，次一对内翈羽缘末端为三角形白斑。脚黄色，后爪不是很长且更加弯曲。

习性与分布　栖息于平原、丘陵山地，多活动于草地。喜欢单独、成对或小群活动，在地面以垂直的姿态站立，地面奔跑觅食。主要以昆虫为食。旅鸟。4～5 月、9～10 月常见于内夹河福山段、高陵水库、银湖、夹河口等地。

布氏鹨/20170914 孙虎山摄于内夹河福山段

7. 树鹨 ［Olive-backed Pipit，*Anthus hodgsoni*］

形态特征　体长 15 cm。嘴细长且前端具有缺刻，上嘴黑褐色，下嘴粉红色。虹膜褐色。眼先黄白色，具有从嘴基为棕黄色向后转为白色的眉纹，贯眼纹黑褐色，耳后具有白斑。上体呈橄榄绿色或者绿褐色，头顶具有明显的黑褐色细密的纵纹，延伸到背部且逐渐变淡。翅尖而长呈黑褐色，中覆羽和大覆羽具有白色或者棕白色的端斑。下体白色，颏、喉棕白色，颧纹黑褐色，胸部和胁部具有明显的黑褐色粗壮纵纹。尾羽黑褐色且具有灰绿色的羽缘。脚粉红色。

习性与分布　栖息于树林中以及其附近的草地，常在地上疾走觅食。夏季亦主要在高山矮曲林和疏林灌丛栖息。迁徙期间和冬季则多栖于低山丘陵和山脚平原草地。常成对或成 3～5 只的小群活动，迁徙期间亦集成较大的群。主要以昆虫及其幼虫、蜘蛛、蜗牛等小型无脊椎动物，以及苔藓、谷物、杂草种子为食。冬候鸟。10 月至次年 4 月常见于外夹河老岚段至回里镇段、夹河生态园、鱼鸟河公园、辛安河公园、银湖等地。

树鹨/20180429 孙虎山摄于辛安河公园

8. 北鹨　[Pechora Pipit, *Anthus gustavi*]

形态特征　体长 15 cm。嘴细长，先端具缺刻，暗褐色，下嘴基粉红色。虹膜褐色，髭纹黑色而显著。眉纹淡棕色，耳羽栗褐色。上体棕褐色，头至后颈具黑褐色纵纹，背部灰褐色具较宽的黑褐色纵纹及白色羽缘，通常可见左、右各有两道黄白色纵纹呈“V”形。翅暗褐色，有两道较为明显的白色翅斑。下体灰白色，颈侧、胸、两胁具粗的黑褐色纵纹。尾羽暗褐色具棕色羽缘，最外侧尾羽全为皮黄白色，第二对外侧尾羽具浅黄白端斑。脚粉红色。

习性与分布　栖息于水边、草地、灌丛和田野。常出现在林缘、林中草地、河滩、沼泽、林间空地及居民点附近。多成对活动，在地面上行走觅食，受惊动即飞向树枝或岩石上。主要捕食昆虫及其幼虫，食物缺乏时采食少量植物。旅鸟。4～5 月、9～10 月常见于鱼鸟河口、夹河口、银湖等地。

北鹨/20170917 孙虎山摄于鱼鸟河口

9. 粉红胸鹨 [Rosy Pipit, *Anthus roseatus*]

形态特征 体长 15 cm。嘴灰色。虹膜褐色。眉纹粗而显著，繁殖期粉红色，非繁殖期粉皮黄色，头侧暗灰色。上体偏灰色，背具明显的黑褐色粗纵纹，头部黑褐色纵纹较细窄，腰和尾上覆羽纯橄榄灰色无纵纹。两翼暗褐色，各羽具灰白色或橄榄绿色羽缘，小翼羽呈特征性柠檬黄色，大覆羽、中覆羽羽端橄榄灰白色形成两道翅斑，小覆羽橄榄灰绿色。下体颏至胸部淡葡萄红色，余部乳白色、棕白色或黄褐色，胸和两胁具浓密的黑色点斑或纵纹，繁殖期下体粉红而几无纵纹。尾细长，最外侧一对尾羽端部具较大的楔状白斑。腿细长，跗蹠和趾褐红色偏粉色，后趾长爪较直。

习性与分布 夏季主要栖息于山地灌丛、高原草地、沼泽、河谷、草原等开阔环境，冬季多下到山脚平原、草地、林缘、河坝、耕地、水稻田以及附近疏林中。单独或成对活动，迁徙季节和冬季也集成小群，常藏隐于近溪流处，与多数鹨相比姿势较平。性活泼，不停地在地上觅食。旅鸟。4～5 月、9～10 月常见于内夹河福山段、内外夹河汇合段、银湖东风村段和浒口村段等地。

粉红胸鹨/20180407 孙虎山摄于内夹河福山段

10. 红喉鹨 [Red-throated Pipit, *Anthus cervinus*]

形态特征　体长 15 cm。嘴黑色，基部黄色。虹膜褐色。夏羽羽色鲜艳，眉纹、颊、颏、喉、颈侧、上胸棕红色。耳羽棕褐色。上体灰褐色，具黑褐色的纵纹，头顶和背部纵纹粗著，腰和尾上覆羽纵纹稍窄，腰部还常有黑色斑块。翅上覆羽暗褐色，小覆羽具灰褐色羽缘，中覆羽和大覆羽具宽阔的乳白色羽缘，形成两道白色翅斑，飞羽黑褐色而羽缘为灰褐色或淡黄褐色。上胸以下的下体淡棕黄色或黄褐色，下胸和两胁具黑褐色纵纹。尾暗褐色，最外侧一对尾羽端部具大型灰白色楔状斑，次一对具白色端斑。脚肉色或淡褐色。冬羽上体黄褐色且带有黑色的细纵纹，喉部污白色或微沾棕色。雌鸟似雄鸟但喉为暗粉红色，其余下体皮黄白色且纵纹更粗著。

习性与分布　栖息于灌丛、草甸、开阔平原和低山山脚地带，以及林缘、林中草地、河滩、沼泽、林间空地及居民点附近。多成对活动，在地上行走觅食。主要以昆虫及其幼虫为食。旅鸟。4～5 月、9～10 月常见于外夹河回里镇段、内夹河福山段、内外夹河汇合段、银湖东风村段、辛安河公园、沁水河公园等湿地。

红喉鹨/20180420 孙虎山摄于银湖

11. 黄腹鹨 [Buff-bellied Pipit, *Anthus rubescens*]

形态特征 体长 15 cm。嘴细长，上嘴角质色，下嘴偏粉色。虹膜褐色，白色眼圈明显。眼先黄白色或棕色，眉纹自嘴基起棕黄色后转为白色或棕白色，贯眼纹和耳区黑褐色。上体灰橄榄色，具黑褐色纵纹，头顶细密，背部较粗形成两条很深的条状斑纹，往后纵纹逐渐不明显，腰至尾上覆羽无纵纹或纵纹极不明显。翅黑褐色，中覆羽和大覆羽具白色或棕白色端斑，构成两道白色翅斑，初级及次级飞羽羽缘白色。下体偏白色，颏、喉纯白色或棕白色，喉侧有黑褐色颧纹，颈侧具黑色块斑，胸和两胁具粗著而浓密的黑色纵纹，繁殖期间喉和胸部沾葡萄红色。尾羽黑褐色具橄榄绿色羽缘，最外侧一对尾羽具大型楔状白斑，次一对具较小的白色端斑。脚暗黄色。

习性与分布 栖息于阔叶林、混交林和针叶林等山地森林中。迁徙期间和冬季则多栖于低山丘陵和山脚平原草地，常活动在林缘、河谷、林间空地、草地等生境。多成对或小群活动，性活跃，不停地在地上或灌丛中飞跑觅食。主要以昆虫为食，兼食植物种子。冬候鸟。9 月至次年 4 月常见于外夹河回里镇段、内外夹河汇合段、银湖等地。

黄腹鹨/20170406 孙虎山摄于内外夹河汇合段

12. 水鹨　[Water Pipit, *Anthus spinoletta*]

形态特征　体长 15 cm。嘴暗褐色，较细长，上嘴先端具缺刻。虹膜褐色。夏羽眉纹粗而长，乳白色或棕黄色，脸部多灰色，耳后有白斑。上体灰褐色，头顶至背部具有不明显的黑褐色细纹。两翼尖长，暗褐色，中覆羽和大覆羽具白色或棕白色端斑形成两道白色翅斑，飞羽具较宽的白色或棕白色羽缘。下体浅棕色或橙黄色，胸部颜色较深沾葡萄红色，胸和两胁具模糊的纵纹或斑点。尾细长呈暗褐色，最外侧一对尾羽具明显楔状白斑，次一对具白色端斑。脚黑色。冬羽上体褐灰色，头顶至背具浓密暗褐色纵纹，下体暗皮黄色，从喉到胸部具浓密暗褐色纵纹。

习性与分布　栖息于阔叶林、混交林和针叶林等山地森林中。迁徙期间和冬季栖于低山丘陵和山脚平原草地。常见于河谷、溪流、湖泊、水塘、沼泽等水域岸边。单个或成对活动，迁徙期间亦集成较大的群，多在地上奔跑觅食，性机警，受惊后立刻飞到附近树上，站立时尾常上下摆动。性活跃，不停地在地上或灌丛中行走觅食。冬候鸟。10 月至次年 4 月常见于外夹河回里镇段及老岚村段、内外夹河汇合段、银湖、高陵水库、辛安河公园等地。

水鹨/20170412 孙虎山摄于内外夹河汇合段

(二十八)燕雀科 [Fringillidae]

体小,体形与麻雀相似的小型鸣禽。嘴部较强厚,粗短呈圆锥形,嘴缘平滑。鼻孔常被皮膜或羽须所遮盖。雌雄羽色常有差异。初级飞羽 10 枚,但第一枚初级飞羽多退化或者缺失,仅能见到 9 枚。尾羽 12 枚。跗蹠前侧具盾状鳞,后侧为一长条形鳞片。主要以植物为食,繁殖期也捕食昆虫。

1. 燕雀 [Brambling, *Fringilla montifringilla*]

燕雀(雄,夏羽)/20170311 孙虎山摄于银湖

形态特征 体长 16 cm。嘴粗壮呈圆锥状,黄色,尖端黑色。虹膜褐色。雄鸟上体体羽自头顶、头侧、后颈至上背黑色并具黑蓝色的金属光泽,背部具黄褐色的羽斑缘。肩羽和翅上小覆羽羽端橘黄色,中、大覆羽尖端白色形成翅斑。飞羽黑褐色,外翈具黄白色羽缘。下体颏、喉和上胸橘棕色,下胸和腹部白色,两胁淡棕色具黑色斑点。尾黑色。脚粉褐色。雌鸟似雄鸟冬羽,上体黑色部分被褐色取代且具淡色羽缘,头和背部具不明显的纵纹。

习性与分布 栖息于阔叶林、针阔叶混交林和针叶林等各类森林中。冬季主要栖息于次生林、农田、旷野、果园和村庄附近的小林内。繁殖期成对,其他季节成群活动,迁徙季常集成百上千的大群。主要采食植物种子、果实和嫩芽等。冬候鸟。11 月至次年 4 月常见于夹河生态园、辛安河公园、沁水河公园、昆嵛山、围子山、鲁大山以及银湖、高陵水库、夹河、辛安河等周边的树林和草地。

2. 锡嘴雀　[Hawfinch, *Coccothraustes coccothraustes*]

形态特征　体长 17 cm，体胖。嘴粗大圆厚，呈铅蓝色，下嘴基部近白色。虹膜褐色。嘴基、眼先、颏和喉中部黑色，额、头顶、枕、头侧以及颊部均为棕黄色。后颈灰色宽带向颈侧延伸达喉侧部。背、肩茶褐色或暗棕褐色，腰淡皮黄色或橄榄褐色。翅上小覆羽黑褐色或暗灰色，中覆羽灰白色或白色，大覆羽、初级飞羽和次级飞羽绒黑色，端部具蓝绿色光泽。初级飞羽内翈中部具大型白斑，三级飞羽棕褐色。胸、腹、两胁为葡萄红色，下腹中央略沾棕红色。中央尾羽基段黑色、末段暗栗色、端斑白色，其余尾羽黑色而末端白色，尾上覆羽棕黄色或棕色，尾下覆羽白色。脚褐色。雌鸟羽色较浅淡不及雄鸟鲜亮而有光彩，额至头顶乌灰色微沾灰绿色。

习性与分布　栖息于低山、丘陵和平原地带的阔叶林、针阔叶混交林和次生林及人工林，秋冬季常到林缘、溪边、果园、路边和农田地带的小树林和灌丛中，有时到城市公园和房舍边孤立树上活动和觅食。多单独或成对活动，非繁殖期则喜成群，有时集成多达数十只甚至上百只的大群。主要采食植物果实和种子，也捕食昆虫及其幼虫。冬候鸟。11 月至次年 4 月常见于外夹河回里镇段、南山公园、小璜山、鲁大山以及银湖、高陵水库、桃园水库等周边的人工林地。

锡嘴雀/20170416 孙虎山摄于外夹河回里镇段

3. 黑尾蜡嘴雀 [Chinese Grosbeak, *Eophona migratoria*]

形态特征 体长 17 cm，敦实。嘴粗大圆厚，呈蜡黄色，尖端黑色。虹膜红褐色。雄鸟额、头顶、颊、耳区、颏和上喉黑色且带金属光泽，形成一醒目的黑色头罩。枕、后颈、颈侧、背和肩灰褐色，与头罩颜色产生了鲜明的对比。翅黑色具蓝紫色金属光泽，初级覆羽和外侧飞羽具有白色的端斑，初级飞羽的白色端斑较宽。下喉、胸、腹和两胁灰褐色沾棕黄色，有时两胁橙棕色，腋羽、翼下覆羽黑色具白色羽缘。尾黑色，外翈具蓝黑色金属光泽。脚粉褐色。雌鸟色淡褐色较重，头灰褐色无黑色头罩，仅嘴周染黑色，头侧和喉部呈银灰色，上下体均呈灰褐色，翅和尾黑色稍浅。

习性与分布 栖息于低山和山脚平原地带的阔叶林、针阔叶混交林、次生林和人工林中，也出现于林缘疏林、河谷、果园、城市公园以及农田地边和庭院中的树上。繁殖期间单独或成对活动，非繁殖期成群活动，有时集成数十只的大群。树栖性，频繁地在树冠层枝叶间跳跃或来回飞翔，或从一棵树飞至另一棵树。飞行迅速，两翅鼓动有力。主要以植物果实、种子、花、嫩芽、嫩叶等为食，也捕食昆虫。留鸟。常年常见于夹河生态园、外夹河莱山段至芝罘段、辛安河公园、鱼鸟河公园、养马岛等地。

黑尾蜡嘴雀（雌）/20180526 孙虎山摄于夹河生态园

4. 黑头蜡嘴雀 [Japanese Grosbeak, *Eophona personata*]

形态特征　体长 20 cm，较胖。嘴蜡黄色，粗大强厚，圆锥形略下弯。虹膜深褐色。雄鸟额、头顶、眼先、眼周、颏、喉及颊前部黑色且具金属光泽，形成的黑色头罩比黑尾蜡嘴雀小。头侧、枕、后颈、颈侧、背及肩部体灰色，腰浅灰色。翅黑色，初级飞羽中段具有白色的斑块，形成明显的白色翅斑。下体上胸淡灰色，下胸和两胁处为葡萄灰色，腹部淡灰色，腹中央白色。尾黑色呈凹形。脚粉褐色。雌雄相似。

习性与分布　栖息于平原和丘陵的溪边灌丛、草丛和次生林，也见于山区的灌丛、常绿林和针阔混交林。夏季栖息于山区的针叶林带，迁徙时或游荡期多在丘陵和平原的杂木林或乔木林的高大树上。除繁殖期成对生活外，多集合成小群，很少为大群。性喜活动，飞翔时有一种短促而刺耳的叫声。主要以植物果实、种子、嫩芽等为食，繁殖期也捕食昆虫。冬候鸟。11 月至次年 4 月常见于鱼鸟河公园、辛安河公园、夹河生态园等地。

黑头蜡嘴雀/20170105 孙虎山摄于鱼鸟河公园

5. 北朱雀 [Pallas's Rosefinch, *Carpodacus roseus*]

形态特征 体长 16 cm。嘴近灰色。虹膜褐色。眉纹不明显。雄鸟体羽大部分为粉红色。头顶、额、颊、颏以及喉部为银白色且具有粉红色窄羽缘形成的明显白色鳞状斑。头顶后部、枕、头侧和后颈粉红色。背和肩部褐色具黑褐色羽干纹和粉红色羽缘，腰和尾上覆羽为鲜亮的粉红色，无黑褐色纵纹。翅黑褐色，飞羽具红色羽缘，翅上小覆羽外缘羽缘粉红色，中覆羽和大覆羽具白沾粉红色的端斑在翅上形成两道翅斑。其余下体粉红色，腹中央白色。尾羽黑褐色，外翈羽缘粉红色。脚褐色。雌鸟较雄鸟的体色暗，上体具有褐色纵纹，额和腰为粉色，头顶和下体为皮黄色具有黑色纵纹。

习性与分布 栖息于低海拔山区、丘陵地带的林地中，也常出现在村庄、农田以及城市公园。喜集群，一般为 5～8 只或 10 余只的小群，有时也见和锡嘴雀、长尾朱雀等其他鸟类混群活动和觅食。主要采食植物果实、种子和嫩芽。冬候鸟。11 月至次年 3 月常见于鲁大山、小璜山、围子山等地。

北朱雀(冬羽)/20171110 孙虎山摄于鲁东大学北校区

6. 金翅雀 [Grey-capped Greenfinch, *Carduelis sinica*]

形态特征　体长 13 cm。嘴粉色或肉黄色。虹膜深褐色。雄鸟眼周和眼先黑色。前额、颊、耳覆羽、眉区、头侧褐灰色沾草黄色，头顶、枕至后颈灰褐色，羽尖沾黄绿色。背、肩和翅上内侧覆羽暗栗褐色，羽缘微沾黄绿色，腰金黄绿色。翅上小覆羽、中覆羽与背同色，初级覆羽黑褐色，小翼羽为黑色但羽基和外翈绿黄色，翅角鲜黄色。初级飞羽黑褐色，尖端灰白色，基部鲜黄色，在翅上形成一大块黄色翅斑，其余飞羽黑褐色而羽缘及尖端灰白色。胸和两胁栗褐沾绿黄色或污褐而沾灰，下胸和腹中央鲜黄色。尾短呈叉形，中央尾羽黑褐色，其他尾羽基段鲜黄色而末段黑褐色，外翈羽缘灰白色，尾上覆羽黄绿色，尾下覆羽鲜黄色。脚粉褐色。雌鸟较暗淡，头顶到后颈为灰褐色具有暗色纵纹，上体少金黄色多褐色。

习性与分布　栖息于低山、丘陵、山脚和平原等开阔地带的疏林中，尤其喜欢林缘疏林和生长有零星大树的山脚平原，也出现于城镇公园、果园、村落附近的树丛中或树上。单独或成对活动，秋冬季节集群。休息时多停栖在树上、电线上长时间不动。繁殖期时常发出类似猫叫的声音。主要以植物果实、种子和谷类农作物为食。留鸟。常见于烟台各处林地，繁殖季节在较高的山上常见，其他季节则更常见于城镇公园。

金翅雀/20161211 孙虎山摄于辛安河公园

7. 黄雀 [Eurasian Siskin, *Spinus spinus*]

形态特征 体长 12 cm，体小。嘴暗褐色偏粉色，下嘴颜色较淡。虹膜黑褐色。雄鸟眼先灰色，眉纹鲜黄色，较短的贯眼纹黑色，颊黄色，耳羽黄色沾黑色。上体额、头顶和枕部黑色，后颈和翕绿色而羽缘黄色，背部橄榄绿色且具黑色细纵纹，腰亮黄色，羽尖色较深，近背部有褐色羽干纹，尾上覆羽褐色且具亮黄色宽缘。翅黑褐色，小、中覆羽具亮黄色羽缘构成两道黄色翅斑，飞羽羽缘绿黄色。下体颏和喉部黑色而羽尖沾黄，胸亮黄色，腹、两胁灰白沾黄色，两胁具黑褐色纵纹，尾下覆羽灰褐色，翼下覆羽和腋羽淡黄色。尾叉形，尾羽黑褐色具红褐色羽缘，中央一对尾羽具亮黄色狭边。脚暗褐近黑色。雌鸟色暗而多黑褐色纵纹，头顶与颏无黑色。

习性与分布 栖息于针阔叶混交林、针叶林、平原的多杂木林和河漫滩附近的丛林等，栖息地比较广泛。繁殖期成对存在，其他季节常集结成群活动，迁徙时常集成大群活动，常一鸟先飞，而后群体跟进。主要以鳞翅目昆虫的幼虫，以及植物果实、种子、花粉和嫩芽为食。旅鸟。3～5 月、9～11 月常见于夹河生态园、鱼鸟河公园、辛安河公园、外夹河繁荣庄段、养马岛等地，尤其柳树开花季节最为常见。

黄雀（雄）/20170417 孙虎山摄于夹河生态园

(二十九)鹀科　[Emberizidae]

体小。嘴圆锥形,粗短而结实。背部常具纵纹。翼短圆,初级飞羽9枚,次级飞羽约为翼长的3/4,羽色多为沙褐色并具有羽干纹。尾部较长,尾羽12枚。跗蹠发达,前面具盾状鳞,后面具有纵长型鳞。多在地面和低矮的灌丛中活动,主要以植物种子为食。

1. 三道眉草鹀　[Meadow Bunting, *Emberiza cioides*]

形态特征　体长16 cm。上嘴灰黑色,下嘴蓝灰色。虹膜栗褐色。雄鸟白色眉纹自嘴部一直延伸到颈侧,贯眼纹和颊纹黑色,颊和颈侧白色,耳羽深栗褐色。上体前额灰白杂褐色,头顶和枕部深栗红色,枕、背、肩、腰和尾上覆羽均为栗红色,背部具暗褐色纵纹。飞羽暗褐色,初级飞羽外缘灰白,次级和三级飞羽外缘淡红褐色,翅上覆羽多为褐色而羽缘灰白色。下体颏和喉部白色,胸部和两胁栗红色,腹部和尾下覆羽砂黄色沾栗红色,腋羽和翼下覆羽灰白。中央一对尾羽栗红色具黑褐色羽干纹,其余尾羽黑褐色具土黄色羽缘,外侧两对尾羽上具白色带斑或端斑。脚肉色。雌性较雄鸟色淡偏灰,耳羽淡棕色,头顶具暗褐色细纹,胸栗色较淡。

三道眉草鹀(雄,夏羽)/20170514 王宜艳摄于辛安河口

习性与分布　栖息于开阔地和丘陵稀疏林地或山沟的灌丛草丛中,夏季多见于山上,冬季多见于山脚、山谷和平原。繁殖期成对,冬季常集群活动。杂食性,繁殖季节主要捕食昆虫及其幼虫,冬季主要采食植物种子。留鸟。常见于烟台各地,冬季常见于夹河、辛安河等周边的草丛灌丛,其他季节常见于围子山、昆嵛山、鲁大山等几乎每一座山上。

2. 白眉鹀　[Tristram's Bunting, *Emberiza tristrami*]

形态特征　体长 15 cm。上嘴蓝灰色，下嘴粉色。虹膜深栗褐色。雄鸟头部黑色，具有非常醒目的白色顶冠纹、眉纹和颊纹。上体红褐色，后颈沾栗红色，背、肩栗褐色有时沾橄榄灰色且具黑褐色纵纹，腰和尾上覆羽栗色无纵纹。飞羽黑褐色，外侧飞羽具窄的白色羽缘，内侧飞羽具红褐色羽缘，中、大覆羽黑褐色具皮黄色羽缘，羽端棕白色，形成两道翅斑。下体颏、喉黑色，下喉有一白斑，胸和两胁棕褐色具深栗色或暗色纵纹，其余下体白色。尾羽黑褐色，中央一对尾羽具宽的栗褐色羽缘，最外侧两对尾羽具长的楔状白斑。脚肉色。雌鸟似雄鸟但头部黑色转为褐黑色，顶冠纹、眉纹和颊纹多为污白色，眼先、眼周皮黄色，耳羽棕褐色，颊纹下有黑色点斑组成的黑色颚纹，颏、喉白色，下喉、胸和两胁淡栗色而无暗色纵纹。

习性与分布　栖息于低山针阔叶混交林、针叶林和阔叶林，尤喜在山溪沟谷、林缘、林间空地和林下灌丛或草丛活动。喜欢单个或成对活动，仅在迁徙时集结成小群而从不集成大群。性寂静而怯弱多疑，一见有人走过时立刻起飞隐藏于较远的树间或草下。飞翔颇快而成直线。主要以植物种子和昆虫为食。旅鸟。4～5 月、10～11 月常见于夹河生态园、银湖、沁水河公园、辛安河公园等地。

白眉鹀(雄，夏羽)/20170421 孙虎山摄于银湖

3. 栗耳鹀 [Chestnut-eared Bunting, *Emberiza fucata*]

形态特征　体长 16 cm。上嘴黑色具灰色边缘，下嘴蓝灰色。虹膜深褐色，眼圈白色。雄鸟眉纹白色但并不明显，耳羽和颊栗红色形成大而醒目的栗色斑块，与灰色的颈部产生了鲜明的对比，眼先和颊纹污白色或皮黄白色，颚纹黑色并延伸至胸部与其黑色纵纹相连成项纹。上体额、头顶至后颈部灰色并具黑色纵纹，背和肩部栗褐色具宽阔的黑色纵纹，腰淡栗色，尾上覆羽橄榄褐色具黑色纵纹。翅上小覆羽呈醒目的栗色，中覆羽、大覆羽和三级飞羽黑色具宽栗褐色羽缘，初级和次级飞羽黑褐色具栗白色羽缘。下体的颏、喉部白色，胸部皮黄色，上胸具由黑色斑点组成的胸带，两侧与颚纹相连呈“U”形，其下具栗色胸带，腹部和尾下覆羽黄白色，两胁皮黄色具黑色纵纹。尾羽黑褐色，最外侧一对尾羽具白色长楔状斑，次一对尾羽具狭小的白色端斑。脚粉红色。雌鸟似雄鸟，色彩较淡且少具有特征性的栗色，耳羽多为棕色。

栗耳鹀（雄，夏羽）/20180521 孙虎山摄于外夹河莱山段

习性与分布　栖于低山区或半山区的河谷沿岸草甸、森林迹地形成的湿草甸或草甸夹杂稀疏的灌丛。繁殖期成对或单独活动，冬季成群活动，多在灌草丛中短距离飞翔。主要以植物的果实和种子，以及昆虫及其幼虫为食。旅鸟。4～5 月、10～11 月常见于外夹河回里镇段到莱山段、内外夹河汇合段、夹河生态园、银湖等地。

4. 小鹀 [Little Bunting, *Emberiza pusilla*]

形态特征 体长 13 cm，体小。嘴灰色。虹膜深红褐色，眼圈白色。雄鸟眉纹棕白色，前端偏棕色而后端变白，眼先红棕色，耳羽红棕色而后缘黑色，颊白色沾棕色，颊纹黑色与耳羽的黑色后缘相连，颚纹黑色。上体顶冠纹红棕色，侧冠纹黑色，后颈和颈侧灰褐色沾土黄色，肩和背部砂褐色具黑褐色纵纹，腰和尾上覆羽灰褐色。翅上覆羽黑褐色具赭黄色羽缘，中、大覆羽羽尖土黄色形成两道翅斑，飞羽暗褐色具黄白色或赭黄色羽缘，翼下覆羽和腋羽白色。下体除了颏为红棕色外，其余部位均为白色，其中喉侧、胸和两胁具黑色纵纹。尾羽褐色具白色羽缘，最外侧一对尾羽有白色长楔状斑，次一对尾羽仅在羽轴处有白色窄纹。脚肉褐色。雌鸟似雄鸟冬羽，色稍浅，眉纹和颊部暗皮黄褐色，顶冠纹和耳羽暗栗色，侧冠纹黑褐色。

小鹀(雄，夏羽)/20180501 孙虎山摄于鱼鸟河公园

习性与分布 栖息于灌木丛、小乔木、村边树林与草地和农田中。多集群生活，春季集小群，秋季常集大群，冬季多分散或单个活动。主要以植物种子、昆虫及其幼虫和卵为食。冬候鸟。10 月至次年 5 月常见于鱼鸟河公园、辛安河公园、外夹河回里镇段、银湖等地。

5. 黄眉鹀 [Yellow-browed Bunting, *Emberiza chrysophrys*]

形态特征 体长 15 cm。上嘴及下嘴端灰褐色，下嘴基部粉色。虹膜深褐色。雄鸟眉纹前部为特征性的鲜黄色，耳羽后逐渐转为白色，眼先和眼周黑色沾黄色，耳羽褐色而外缘黑色且内具白色大斑点，颊白色，颚纹黑色。上体的额、头顶和枕部黑色，额至枕部具狭窄的白色顶冠纹，其余上体褐色，后颈具栗褐色细纹，背和肩部具黑褐色纵纹，后背、腰和尾上覆羽色偏栗红色。翅黑褐色，覆羽羽缘多为棕色，中、大覆羽尖端白色形成两道白色翅斑；初级飞羽外缘灰白色，次级飞羽羽缘暗褐色。下体颏黑色，其余部位白色或污白色，喉具少量黑色细纵纹，胸和两胁黑色纵纹多且粗，腹中央和尾下覆羽纯白色。尾羽黑褐色，外侧的尾羽有较多的白色，最外侧一对尾羽有长而宽的白色楔状斑，次一对中央具细小白斑。脚粉红色。雌鸟头部褐色，耳羽淡褐色，上体纵纹多而下体纵纹少。

黄眉鹀(雄，夏羽)/20170507 孙虎山摄于外夹河芝罘段

习性与分布 栖息于山区混交林、平原杂木林和灌丛中，有稀疏矮丛及棘丛的开阔地带，也到沼泽地和开阔田野中。一般小群生活或单个活动或与其他鹀类混杂飞行，但从不结成大群。性怯弱多疑而又喜静，每天多数时间隐藏于地面灌丛或草丛中。主要采食植物种子、嫩芽和浆果，也捕食昆虫及其幼虫、蜘蛛等无脊椎动物。旅鸟，少量冬候鸟。4～5 月常见于外夹河芝罘段、辛安河公园、鱼鸟河公园、养马岛、银湖等地。

6. 田鹀 [Rustic Bunting, *Emberiza rustica*]

形态特征 体长 14.5 cm。嘴深灰色，基部粉灰色。虹膜深栗褐色，眼圈白色。雄鸟白色眉纹从眼部开始后延，耳羽黑褐色且后方有一白色点斑，颊纹白色，颚纹黑褐色。头顶具黑色的短羽冠，部分羽端为栗黄色，上体红褐色，背部具黑褐色纵纹，腰和尾上覆羽具独特的褐红色鳞纹。颏和喉部为白色。翼羽褐色具淡色的羽缘，小覆羽栗褐色具土黄色羽缘，中、大覆羽黑褐色具栗黄色羽缘，且羽端白色形成两道白色翅斑，飞羽黑褐色具栗黄色羽缘。下体白色，喉具黑色细纵纹，胸和两胁的羽端栗红色从而形成栗红色胸带及体侧的栗色粗纵纹，颏、腹和尾下覆羽纯白色。尾羽黑褐色具土白色羽缘，最外侧两对尾羽具有斜长形的白斑。脚粉红色。雌鸟似雄鸟，但体色偏淡褐色，黑色羽冠变为褐色并具细纵纹，胸和两胁的栗红色不及雄鸟鲜艳。

田鹀(雄，冬羽)/20170220 孙虎山摄于银湖

习性与分布 栖息于平原杂木林、人工林、灌木丛和沼泽草甸中，也在低山区和山麓以及开阔田野中活动。春秋季迁徙时间集结成群，有的与灰头鹀和黄胸鹀组成数十只的小群或百余只的大群，但在越冬地多在平原和山麓草丛、农田中分散或单独活动。主要采食杂草种子、松子，也捕食昆虫、蜘蛛等小型无脊椎动物。冬候鸟。10 月至次年 4 月常见于辛安河公园、外夹河芝罘段、夹河生态园、银湖等地。

7. 黄喉鹀　[Yellow-throated Bunting, *Emberiza elegans*]

形态特征　体长 15 cm。嘴黑褐色，基部色浅。虹膜深栗褐色。雄鸟眉纹长而宽，自额基部延伸到后枕，前半段白色沾黄而后半段比前半段粗呈明亮的黄色，贯眼纹黑色且特宽，自嘴基、眼先、眼周、颊、耳区至枕部。上体前额、头顶及短冠羽黑色，后颈灰褐色，背、肩栗褐色具粗著的黑色羽干纹和棕灰色羽缘，腰和尾上覆羽棕灰色。翅上覆羽黑褐色，中、大覆羽具棕白色端斑，在翅上形成两道翅斑，飞羽黑褐色具棕灰色羽缘。下体颏黑色，上喉亮黄色，下喉白色，胸具一半月形黑斑，两胁具栗色或栗黑色纵纹，其余下体白色或污白色。尾羽黑褐色，最外侧 2 对尾羽有大的白色楔状斑。脚肉色。雌鸟比雄鸟羽色淡，头部黑色部分转为褐色，眉纹、后枕皮黄色，有时眉纹后段沾黄色，眼先、颊、耳羽、头侧栗棕色，上喉皮黄色或污沙黄色，其余下体白色或灰白色，胸部无黑色半月形斑，有时仅具少许栗棕色或黑栗色纵纹，两胁具栗褐色纵纹。

习性与分布　栖息于低山丘陵地带的次生林、阔叶林、针阔叶混交林的林缘灌丛中，尤喜河谷与溪流沿岸疏林灌丛。繁殖期单独或成对活动，非繁殖期和迁徙期常结小群活动。冬候鸟。11 月至次年 4 月常见于辛安河公园、鱼鸟河公园、夹河生态园、鲁大山、银湖等地。

黄喉鹀（雄，冬羽）/20171112 孙虎山摄于鲁东大学北校区

8. 黄胸鹀 [Yellow-breasted Bunting, *Emberiza aureola*]

形态特征 体长 15 cm。上嘴灰色，下嘴粉褐色。虹膜深栗褐色。雄鸟夏羽眼周、眼先、颊部和耳区均为黑色。上体额和头顶黑色，其余上体栗红色或栗褐色。两翅黑褐色具白色窄横带和白色中覆羽形成的非常明显的宽翅斑。下体颏和喉黑色，上胸有深栗色的横带，其余下体硫黄色。尾羽黑褐色，最外侧两对尾羽有白色楔状斑，尾下覆羽白色。脚淡褐色。冬羽色淡，不具黑脸和栗色胸带，颏和喉黄色，耳羽黑色具杂斑。雌鸟眉纹皮黄白色，上体棕褐色或黄褐色具粗著的黑褐色中央纵纹，腰和尾上覆羽栗红色，两翅和尾黑褐色，中覆羽具宽阔的白色端斑，大覆羽具窄的灰褐色端斑从而形成两道淡色翅斑，下体淡黄色，胸无横带，两胁具栗褐色纵纹。

习性与分布 栖息于低山丘陵和开阔平原地带的灌丛、草甸、草地和林缘地带，尤其喜欢溪流、湖泊和沼泽附近的灌丛和草地，也栖息于有稀疏柳树、桦树、杨树的灌丛草地和田间地头，不喜欢茂密的森林，是典型的河谷草甸灌丛草地鸟类。繁殖期间常单独或成对活动，非繁殖期则喜集群，特别是迁徙期间和冬季，集成数百至数千只的大群。旅鸟。4～5 月见于内夹河福山段、银湖等地。

黄胸鹀(雌，冬羽)/20180518 王宜艳摄于内夹河福山段

9. 栗鹀 ［Chestnut Bunting, *Emberiza rutila*］

形态特征　体长 15 cm。上嘴棕褐色，下嘴淡褐色。虹膜深栗褐色。雄鸟夏羽整个头部和上体栗红色。眼周、眼先、颊部和耳区栗红色。上体额、头顶、枕、背、肩也均为栗红色，腰和尾上覆羽色较浅微染灰绿色。小翼羽黑色，初级覆羽暗褐色具青绿色羽缘，其余翅上覆羽栗红色，飞羽暗褐色具橄榄绿色或淡绿黄色羽缘，内侧次级飞羽栗红色，腋羽和翅下覆羽白色。下体颏、喉和上胸栗红色，下胸、腹、尾下覆羽和覆腿羽深硫黄色，体侧和两胁橄榄绿色且具暗黑色纵纹。尾羽暗褐色具青绿色羽缘，嘴外侧两对尾羽外翈仅具小形白色端斑。脚淡褐色。冬羽栗红色部分变为锈褐色具橄榄黄色羽缘。雌鸟眼先、眼周和模糊眉纹灰色，头顶栗褐色中央偏黄并具黑色纵纹，颊、颏和喉牛皮黄色，颚纹黑色，上背和肩羽栗褐色具黑色宽纵纹，下背和腰淡栗红色，翅上覆羽和飞羽暗褐色具淡的羽缘。胸以下的下体浅硫黄色，胸和两胁具黑褐色纵纹。

栗鹀（雄，夏羽）/20170511 孙虎山摄于养马岛

习性与分布　栖息于山麓或田间树上，湖畔或沼泽地的柳林、灌丛或草甸。多成小群活动。喜食榆实、柳芽、草籽和昆虫及其幼虫。旅鸟。4～5 月、9～10 月常见于养马岛、外夹河芝罘段等地。

10. 灰头鹀 [Black-faced Bunting, *Emberiza spodocephala*]

形态特征 体长 14 cm。上嘴黑褐色，下嘴粉色而嘴端深色。虹膜深栗褐色。雄鸟夏羽嘴基、眼先、颊和颏黑色，头、颈和上胸石板灰色。上体褐色，背部具较宽的黑色纵纹。翅上小覆羽淡红褐色，中、大覆羽黑褐色具浅色羽缘及牛皮白色羽端，形成两道白色翅斑，小翼羽和初级覆羽褐色，飞羽暗褐色具淡赤褐色外缘。下体多少带硫黄色，淡硫黄色，胸部至肛周和尾下覆羽转为黄白色，胸侧和两胁淡具黑褐色纵纹。尾羽黑褐色，最外侧两对尾羽具大型楔状白斑。脚粉褐色。冬羽头颈橄榄绿色。雌鸟眼先、眼周、眉纹、颊、颈侧淡黄色，耳羽褐色具黄白色轴纹，颚纹黑色，颏、喉黄白色，胸以下的下体淡硫黄色，体侧和两胁具黑色纵纹。

习性与分布 栖息于山区河谷溪流两岸、平原沼泽地的疏林和灌丛中，也在山边杂林、草甸灌丛、山间农田和公园内。除繁殖期成对外常成小群活动，性不多疑，容易让人接近，往往在非常接近时才飞离。冬候鸟。10 月至次年 5 月常见于沁水河公园、鱼鸟河公园、辛安河公园、外夹河老岚段至芝罘段、夹河生态园、银湖、高陵水库、鲁大乳子湖等地。

灰头鹀(上雌下雄)/20170414 孙虎山摄于鲁东大学北校区乳子湖

11. 苇鹀　[Pallas's Bunting, *Emberiza pallasi*]

形态特征　体长 14 cm。嘴形直，上嘴灰黑色，下嘴粉色。虹膜深栗色。雄鸟夏羽眼先、眼周、颊和耳羽黑色，颚纹白色。上体额、头顶和枕黑色具黄色羽缘，后颈具一白色横带，连接颈侧和颚纹形成醒目的白色颈环，背和肩沙褐色具黑色纵纹，腰浅灰色具黑色羽干纹。翅上小覆羽灰色形成特征性灰斑，其余覆羽及飞羽黑褐色，中、大覆羽和内侧次级飞羽外翈羽缘沙黄色，小翼羽和初级覆羽羽缘灰白色，其余飞羽外缘赤褐色。下体颏、喉黑色具白色羽端，上胸中央黑色，下体余部白色。尾羽黑褐色具褐白色羽缘，最外一对尾羽具长楔形白斑，次一对有较小的先端白斑。脚粉褐色。冬羽黑色部分转为沙褐色，仅喉和上胸中央杂有黑色。雌鸟眉纹黄白色，头侧栗褐色，额、头顶黑褐色具沙黄色羽缘，背、肩暗褐色具栗色羽缘，腰和尾上覆羽浅沙黄色，一簇暗褐条纹围绕喉部，胸、胁和尾下覆羽沾沙黄色，两胁具褐色条纹，腹部中央白。

苇鹀（雄，夏羽）/20180424 孙虎山摄于外夹河回里镇段

习性与分布　栖息广泛，具有季节性差异，春季常在平原沼泽地和沿溪的芦苇荡中，秋冬季多在丘陵低山区的平坦地，地上有丰富的枯草并散布着比较密集而带刺的灌丛和平原荒地的稀疏小树上。性活泼，常在草丛或灌丛中反复起落飞翔，不畏人，除非很接近时才飞离。主要以芦苇种子、杂草种子、植物嫩芽和浆果为食。冬候鸟。10 月至次年 5 月常见于外夹河老岚段至芝罘段、内夹河福山段、高陵水库、银湖、沁水河公园等地。

12. 红颈苇鹀 [Ochre-rumped Bunting, *Emberiza yessoensis*]

形态特征 体长 15 cm。嘴黑褐色,下喙边缘切合线中有缝隙。虹膜深栗色。雄鸟夏羽整个头部黑色区别于苇鹀和芦鹀,有的具不明显的棕白色眉纹。颈和上背栗红色,背和肩羽栗褐色具黑色粗纵纹,腰和尾上覆羽栗红色。小覆羽灰褐具栗色羽缘,中、大覆羽黑褐色具宽阔的栗色羽缘,小翼羽和初级覆羽暗褐色,飞羽黑褐色,初级飞羽具较窄的棕栗色羽缘,其余飞羽具宽的栗红色羽缘。胸以下的下体棕白色,胸沾栗色,两胁有锈褐色纵纹。中央一对尾羽淡栗色,最外侧两对尾羽具长楔形白斑,其余尾羽黑褐色具栗色窄缘。脚粉色。冬羽头部栗和黑色纵纹交杂,上体浅栗色,颏和喉皮黄色。雌鸟头部黑褐色具皮黄色或锈栗色的纵纹,眉纹、颏和喉黄白色,颚纹黑色。

红颈苇鹀(雄,夏羽)/20180505 孙虎山摄于夹河口

习性与分布 栖息于芦苇地及有矮丛的沼泽地以及高地的湿润草甸。性机警,非繁殖期集群活动,多做短距离飞行。主要采食草籽和谷物,繁殖期捕食部分昆虫及其幼虫。旅鸟。4～5 月、10～11 月常见于夹河口、沁水河口、外夹河福山段、高陵水库等地。

13. 芦鹀 ［Reed Bunting, *Emberiza schoeniclus*］

形态特征　体长 15 cm。嘴黑色，厚实且呈圆凸形。虹膜栗褐色。雄鸟夏羽头部黑色，无眉纹，仅颚纹白色从嘴基延伸到颈侧，在黑色的头部非常明显。颈环灰白色与颚纹相连，上背和肩部为黄栗色具黑色纵纹，下背和腰皮黄色具淡褐色纵纹。翅上小覆羽栗色，其余覆羽黑褐色具栗色或黄白色羽缘；飞羽黑褐色，初级飞羽具淡栗色窄羽缘，其余飞羽具较宽的亮栗色和黄白色羽缘。下体胸以下白色，胸侧和两胁具栗色纵纹。尾黑色，最外一对尾羽近污白色，次一对具大的楔形白斑。脚粉褐至深褐色。冬羽头部仅有少量黑色而多变为褐色，具棕白色眉纹。雌鸟头部保留的黑色更少，眉纹和颊纹白色，颚纹黑色，颏和喉棕白色。

习性与分布　栖息于平原沼泽地和湖沼沿岸低地的草丛和灌丛，也见于丘陵和山区。除繁殖期成对外，多结群生活。性活泼，常飞翔于芦苇和灌丛间，多做短距离飞行。杂食性，喜采食苇实、草籽。冬候鸟。11 月至次年 4 月常见于外夹河回里镇段至芝罘段、内夹河福山段、夹河口、高陵水库等地。

芦鹀（雌，冬羽）/20170214 孙虎山摄于夹河回里镇段

主要参考文献

常弘，关贯勋．鸟类学[M]．广州：中山大学出版社，1998．

陈克林．黄渤海湿地与迁徙水鸟研究[M]．北京：中国林业出版社，2006．

陈小麟，方文珍，林清贤，等．福建省滨海湿地水鸟[M]．北京：高等教育出版社，2012．

范强东，张金勇，牛世华，等．烟台的十一种山东省鸟类新记录[J]．山东林业科技，1988 (1)：41．

福山信息中心．福山简介[EB/OL]．(2018-12-04)．http://www.ytfushan.gov.cn/art/2018/12/4/art_15941_1325153.html．

高玮．中国隼形目鸟类生态学[M]．北京：科学出版社，2002．

郭冬生，张正旺．中国鸟类生态大图鉴[M]．重庆：重庆大学出版社，2015．

烟台市莱山区政府网．莱山 9 个公园广场[EB/OL]．(2018-08-01)．http://www.ytlaishan.gov.cn/art/2018/8/1/art_23154_1487191.html．

李湘涛．中国猛禽[M]．北京：中国林业出版社，2004．

李欣洋，许翠萍，孙虎山，等．烟台大沽夹河流域鸟类群落组成、季节动态及多样性分析[J]．鲁东大学学报(自然科学版)，2018，34(3) ：228-238．

李玉春，周琪喆，于培湖，等．烟台市滨海水域冬季鸟类调查[J]．大众科技，2018 (6)：18-20．

鲁长虎，费荣梅．鸟类分类与识别[M]．哈尔滨：东北林业大学出版社，2003．

刘月良．黄河三角洲鸟类 [M]．北京：中国林业出版社，2013．

烟台市牟平区人民政府网．走进牟平[EB/OL]．(2018-05-10)．http://www.muping.gov.cn/col/col13040/index.html．

聂延秋．内蒙古野生鸟类[M]．北京：中国大百科全书出版社，2013．

聂延秋．中国鸟类识别手册[M]．北京：中国林业出版社，2017．

赛道建．山东鸟类志[M]．北京：科学出版社，2017．

隋士凤，蔡德万. 长岛自然保护区鸟类资源现状及保护[J]. 四川动物，2000，19(4)：247-248.

王月冲，王柴红，高正文. 保护鸟类，和谐发展[M]. 昆明：云南科技出版社，2006.

王紫江. 保护鸟类 人鸟和谐[M]. 北京：中国林业出版社，2009.

许翠萍，李欣洋，王宜艳，等. 烟台大沽夹河入海口水鸟群落组成、物种丰富度和种间关系分析. 湿地科学，2018，16(5)：635-641.

叶淑英，郭书林，路纪琪. 中国城市鸟类生态学研究进展与展望[J]. 河南教育学院学报：自然科学版，2015，24(3)：47-53.

烟台市人民政府网. 烟台概况[EB/OL]. (2018-05-01). http://www.yantai.gov.cn/col/col11751/index.html.

于成龙，徐微. 山东省围子山省级自然保护区生态旅游开发策略[J]. 畜牧与饲料科学，2012，33(z1)：90-91.

于培湖，刘瑞珍，邵凌松，等. 烟台市水域越冬鸟类调查[J]. 山东林业科技，2007 (1)：65-67.

约翰·马敬能，卡伦·菲利普斯，何芬奇. 中国鸟类野外手册[M]. 长沙：湖南教育出版社，2000.

赵欣如. 北京鸟类图鉴[M]. 北京：北京师范大学出版社，2014.

郑光美. 鸟类学[M]. 2 版. 北京：北京师范大学出版社，2012.

郑光美. 中国鸟类分类与分布名录[M]. 3 版. 北京：科学出版社，2017.

郑作新. 中国动物图谱·鸟类[M]. 3 版. 北京：科学出版社，1987.

郑作新. 中国鸟类系统检索[M]. 北京：科学出版社，2002.

烟台市芝罘区政府网. 芝罘概况[EB/OL]. (2018-08-01). http://zfq.yantai.gov.cn/col/col15529/index.html.